아들의 뇌 딸로 태어난 엄마들을 위한 아들 사용 설명서

# 兒子的大腦，請回答！

## 韓國暢銷十年教養經典之作

郭潤定 곽윤정／著　黃千真／譯

U0042906

# 找到跟兒子溝通的策略
# 用理解取代生氣

文｜幼思職能治療所負責人　童童老師

在閱讀這本書的時候，想起過去的一段回憶。回憶裡家長氣急敗壞的口氣與咬牙切齒的表情，仍然歷歷在目——

「老師！不知道我們家的弟弟的耳朵到底是壞掉還是怎樣？！叫他都不會回應誒！我一定要很大聲的說『○○○你給我過來！再不過來我就把你所有的玩具丟掉！』」

「他才會放下他的玩具。重點是！」這位媽媽加重了語氣——

「他。還。怪。我。打。斷。他。在。玩。的。遊。戲！」

完全可以想像這位家長「真心地再三呼喚，換來了絕情的回應」的心情，於是我安慰她：「辛苦了，兒子就是這點比較麻煩！」

我繼續解釋著「因為演化、以及原始社會中男生與女生要處理的任務不太一樣的關係,所以男女大腦的反應、以及注意力擅長的面向就會有所差異。」

「比如說,在狩獵的時候,男性只要注意獵物的位置、將獵物得手就好!所以注意力會傾向一次只注意一件事情。」

「而女性就不一樣了,要處理多樣任務的需求,會讓女生的注意力系統擅長多工處理:一邊要照顧幼兒、一邊還要注意外面有沒有危險等等。」

「所以在希望兒子能夠回應我們的呼喚時,他手邊有沒有在做其他事情會差很多喔!如果有在做事情,他的大腦已經進入『單一』任務的注意力狀態中,就會很難去注意環境中的其他事情!」

「老師照你這麼說,真的誒,我們家姊姊好像都不會有這個狀況」這位媽媽若有所思地點點頭說。「對啊,而且男女注意力本質上的差異,是天生的,後天都是差不多的狀態」我回應說,「就好像常聽到太太們抱怨先生都沒在聽她們講話一樣!我得說,是真的沒在聽……哈哈哈!(乾笑)」這位媽媽聽到先生的舉例,點頭點的更大力。

「但是老師,聽你這麼說,我雖然可以理解兒子的行為,但我總覺得,好像只是在幫兒子找藉口耶!」

「兒子要回應不回應的時候,我就想,啊,是男女腦不同,所以就這樣算了,是嗎?」媽媽露出疑惑的表情。

「我懂您說,好像在幫孩子找藉口的部分喔!」

「不過我提到注意力反應模式不同這件事,一方面是多了解孩子後,知道他不是故意的,不然遇到狀況真的會氣氣氣……。」

「另一方面,就可以在理解背後的原因後,制定因應策略啦!像

如果事件一定是緊急到需要孩子回應，我一定會輕拍他的肩膀，讓他眼睛看到我，我才會跟他說要注意的部分；而如果沒那麼緊急的話，我就會等他正在做的事情告一段落，再跟他說話喔！」

聽到還有解套方法，這位家長倒是微笑著離開會談室。

我們在臨床上，很多時候就像這本書提供的知識一樣，幫助家長了解孩子在發展上、在大腦反應上的不同。經過了解，也可以幫助家長跳脫「孩子為什麼就是講不聽」的無力感，因為孩子很多時候不是不想，而是不能！而理解過後的延伸，就能想到更多方法，幫助孩子繞過這些能力也好、利用其他能力代償也罷，來達成我們期待達成的目標。

最後，希望大家都能在看完這本書後，了解孩子行為背後的原因，多一點點的理解，就能多一種解決問題的方向！

# 委屈難以啟齒的兒子
# 媽媽要當情緒翻譯師

「我真的不能理解他到底為什麼這麼做！」
「真的是冤家！」

　　與有兒子的媽媽們聊育兒經時，總會聽到許多抱怨。無關年紀，所有媽媽們都說養兒子實在太辛苦。通常兒子們闖禍的故事都是這樣發生的：在媽媽稍微分心時就會把家裡弄得像戰場或垃圾堆；或是因為跑上跑下而把自己的手或腿摔傷；或是粗手粗腳讓其他人受傷了；要他去幫忙跑腿，還會被奇怪的事物吸引而把交代的事忘得一乾二淨；甚至會因為被遊戲或影片奪走注意力，該做的事情都沒做。

　　闖下這些禍的人正是自己的兒子，當媽媽想盡辦法要糾正或教導時，必須將嗓門變大，甚至生氣，往往媽媽在責備孩子後又要哄孩子，簡直操透了心，還要面臨「是我哪裡做錯了？是我沒把小孩教好

嗎？」的自責而痛苦。

　　會想要撰寫這本書就是出於上述原因，在兒子的養育過程中，最讓人在意和辛苦的部分，就是媽媽們太常碰到兒子做出非常奇怪又難以理解的行為，卻不知道該怎麼處理而感到心累的狀況。為了面臨這種狀況的媽媽們，我因此浮現需要一本能「理解兒子」的教養書的想法。

　　「我兒子為什麼會做出這種行為？」
　　「那小子腦袋裡到底發生什麼事？」

　　這是古今中外，所有生兒子的媽媽們的共同煩惱。甚至會產生「該怎麼做才能把兒子教好呢？」的煩惱與疑問。針對這類疑問，一直以來，持續都有以「男性與女性大腦有何不同」為題的研究。

　　大腦是掌管人類思考、行為、情緒的中央控制裝置，如果能了解男性大腦，對於理解兒子的思考、行為及情緒也會有很大幫助。

　　這本書的內容是透過了解兒子大腦中發生什麼事，進而理解並掌握兒子的行為。除了闡述大腦相關的基礎知識、根據年齡及發育時期不同，說明兒子腦內發生什麼事及主要特徵，並討論何種教養方式會更好。

　　在蒐集男性大腦、兒子大腦的相關研究，撰寫這本書的過程中，我也明白了許多新觀點。男性大腦所擁有的特徵之一是語言相關能力不比女性發達，所以常常能看到他們不易表達自身的痛苦和傷痛，總是獨自承受甚至因而生病的狀況。再加上男性坦率表達自己的感情時，就會被社會氛圍不自覺的評論「很不像男人！」、「一個大男人為什麼這麼小心又懦弱？」；因此，大多數男性與我們的兒子都必須面臨「獨自承受痛苦」的社會偏見。

能說明這論點的證據就是青少年自殺的現象。青少年自殺率比青少女高，且通常會選擇致命性的自殺方法；這可以解讀成因為語言表達能力比青少女更薄弱的青少年，通常會在獨自煩惱後做出極端的選擇。

但幸好大腦可以透過教育及努力而持續發展與變化，理解兒子大腦的特徵，選擇兒子大腦能接受的方法，便能讓兒子的語言能力有所提升。

然而，請別忘記大腦發育非常緩慢，有時候甚至會停滯，和其他孩子比較可能產生焦急的心態，甚至懷疑「是不是我兒子有問題？」。若在這時候不斷催促或責罵兒子，可能會讓這世上最珍貴的母子關係因此產生裂痕。有時為了不善於表達自身情緒與心情的兒子，媽媽也必須要成為「情緒翻譯師」；如果還能客觀理解兒子大腦所擁有的特徵，除了能和兒子圓滑溝通，更對兒子的正向教育非常有幫助。

在這本書出版前，感謝全力協助的 Forestbook 與林娜里組長的奉獻，感謝持續給予愛與關懷的父母、姐姐郭朱英。也向我永遠的應援軍世仁、多仁以及李賢應老師，致上我的愛。

2021 年 10 月
郭潤定

| 目錄 |

第一部

# 父母限定
# 兒子的大腦說明書

隨著科學研究發展，我們還有一些能稍微了解兒子內心在想什麼的提示；近期有關觀察與研究大腦的研究結果，給了父母親（特別是母親）在了解兒子這部分有一定程度的幫助。或許會有人說研究大腦很複雜又無趣，但若能了解我們還沒出生大腦就擁有的構造及領域，要跟兒子建立關係勢必會簡單許多。

chapter
01

# 請回答，兒子的大腦

「兒子，你有在聽媽媽說話嗎？」
「我剛剛說什麼？」
「一樣的話到底還要我再講幾遍？」
「好了！不要再弄了！」
「臭小子！」

　　這些話是不是很耳熟呢？不能因為孩子不聽話劈頭就生氣，即便會有他是不是在無視媽媽的感覺，但也一定要忍下來，為了讀懂孩子的心思得非常費心。

　　「好，忍一時之氣，免百日之憂，深呼吸十次！」

　　雖然下定決心這麼做，但常常有不到三分鐘就破功的狀況。呼吸逐漸加快，聲音變大，最後還是會怒吼著「臭小子！給我過來！」跟孩子開戰。這跟孩子是男是女沒有太大關係，畢竟孩子的宿命就是與

父母一邊摩擦碰撞，一邊成長。

不久前，一位生女兒的朋友跟我說了個有趣的故事。她有一位生了三個兒子的嫂嫂，她每次去嫂嫂家都很訝異為什麼孩子不聽話時，嫂嫂都要大聲怒罵。對這幅光景感到陌生的她覺得「明明是可以冷靜說明的事，有需要扯著嗓子開罵嗎？好嚴苛喔！」在生女兒的朋友眼中，嫂嫂的行為過於誇張也粗暴。有時就算在公婆面前，嫂嫂也會對孩子生氣，或因為孩子不聽話就打他們的背，給人的觀感也不好。

後來在某個大節日，嫂嫂因為身體不適，想把三個姪子託給我朋友照顧，朋友也欣然答應了，但嫂嫂卻這麼說。

「三個男生沒關係嗎？」

朋友覺得那有什麼難的，但現實與她的預期不同，要照顧三個兒子和照顧女兒是天差地別。因為這三個兒子整天都在摔角，朋友的黑眼圈一下就掉到下巴，度過了漫長的一天。

最辛苦的部分是無論她怎麼說明，孩子們都聽不進去。就在朋友答應幫忙帶孩子才開始不到半小時，朋友的嗓門越來越大，她這才明白，用對話跟女兒溝通，幫助孩子了解狀況的方法在對兒子是完全行不通的。反覆發生無法溝通，或是多講幾句孩子就不見蹤影，非要大吼才可能聽一次話的狀況。

經過這件事之後，朋友感受到養兒子和養女兒真的不一樣，並對養兒子的媽媽們感到無限敬意。

我最近也在偶然間遇到一位生兒子的媽媽，聽我介紹說我有個讀心理諮商的同事，她就立刻分享許多教養兒子的心路歷程。

她的兒子直到國小三年級都還很聽話，雖然偶爾會出現一些比較

脫序的行為，但都還在大家可理解的範圍內。但就在升上高年級後，孩子開始出現「傳說中」青春期會有的行為。變得不愛回答媽媽說的話，把自己關在房間裡的時間變長，一看到媽媽想開始嘮叨，他還會先發脾氣，每次遇到這種狀況，媽媽都費盡千辛萬苦才好不容易忍住不打小孩的衝動。

她也抱怨，有時候孩子會不斷頂嘴，甚至隱約表現出無視媽媽的態度，讓她好傷心。這位媽媽哭訴著雖然她也多次嘗試要和兒子對話，但總覺得自己像是對著一堵牆自言自語。等孩子上國中，青春期特質勢必會更加明顯，她無奈表示不曉得該如何是好。明明是自己懷胎十月，從自己的肚皮裡蹦出來的孩子，但她卻完全搞不清楚孩子在想什麼，我同樣身為一個有子女的家長也非常能感同身受。

當然，每個人的狀況都不一樣，但我覺得每位生兒子的媽媽所面臨的煩惱應該都差不多。因為兒子跟媽媽性別不同，可能出現完全無法理解對方想法的狀況。換作是女兒，媽媽至少還能回想自己小時候，回憶起自己在那個年紀曾有過的心情，進而擴大同理共情範圍。

但因為兒子是男性，身為女性的媽媽實在很難理解兒子的行為，容易對此感到混亂，也難以同理。畢竟從生物學來看，男女本來就不一樣，在情緒方面的成長趨勢有所不同也是可以理解的。因為種種原因，生兒子的媽媽會隨著兒子長大，開始覺得父母或母親角色如陷入迷宮一樣迷惘。

幸好，隨著科學研究發展，我們還有一些能稍微了解兒子內心在想什麼的提示；近期有關觀察與研究大腦的研究結果，給了父母親（特別是母親）在了解兒子這部分有一定程度的幫助。或許會有人說研究大腦很複雜又無趣，但若能了解我們還沒出生大腦就擁有的構造及領域，要跟兒子建立關係勢必會簡單許多。

其實，腦科學被活用於育兒領域是近期的研究**趨勢**，因為有大腦，人類才能思考、感受、判斷和記憶。人類在成長過程中，大腦的狀態與構造也會出現不同變化，兒子和女兒大腦的發育**趨勢**不同，這些事實被公開也不過是二十幾年前的事而已。就因為兒子和女兒的大腦構造與發育**趨勢**截然不同，媽媽可能很難了解兒子的想法與行為，畢竟媽媽也不曾經歷過和兒子相同的思考模式與感情狀態。比起想完全理解兒子，或是因為害怕跟兒子起衝突而一味姑息，若能以腦科學研究結果為基礎，知道兒子跟身為媽媽的自己**擁有不同的大腦**，應該更能用平靜的心態去對待兒子吧！

## 大腦的爆炸性成長過程

來想想大腦的樣子吧，皺巴巴又彎彎曲曲，中間還有凹陷，就像剝殼後的核桃。沒錯，身為人類都擁有這樣的大腦，但有很多人有著

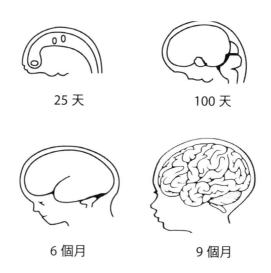

25 天　　　　　　100 天

6 個月　　　　　　9 個月

小小的誤會，以為媽媽腹中的胎兒大腦，是打從一開始就像顆熟成的核桃。

如上圖所示，胎兒大腦剛生成的樣子和只有脊髓的蚯蚓腦差不多，從蚯蚓腦出發的胎兒大腦在媽媽腹中以一分鐘增生二十五萬個腦細胞的驚人速率成長。在歷經九個月的細胞增生過程，才會形成我們所熟知的大腦型態，進而誕生來到世界上。在這個生長為大腦型態的過程，並不表示只有腦細胞數量增加，而是代表神經元和神經元之間的神經通道「突觸（Synapse）」也要因此生成。突觸在腦中扮演神經元能相互接收、交換情報的通道角色。舉例來說，大腦細胞增生並非單純的數量增加而已，而是能讓各個腦細胞交流情報，進而執行更複雜的機能，是屬於品質面的成長。

## 十歲前的發展關鍵

這時候就會開始好奇，每個人的大腦形成機制都一樣，那為什麼會有思考和理解的差異呢？**一般常講的「變聰明」是指認知功能的發育，與認知功能相關的腦細胞突觸迴路在媽媽肚子裡約完成 25%，在出生後到十歲為止，會繼續把剩下的 75% 完成。也就是說，負責生活所需的各種機制與能力的大腦突觸，會在十歲以前完成。**

那麼從出生到十歲為止，這 75% 的突觸生成過程會是如何呢？

簡單來說，突觸是藉由我們日常生活中所歷經的各種經驗而生成，特別是需要深度思考與計算，進而解決問題的認知能力。十歲大約就讀國小三到四年級，但這不表示負責他們認知能力的大腦是在某天突然長好，而是從小遇過的各種經驗刺激了他們持續增長的腦細

胞，讓它們更加具體和立體的累積下來。也因為每個人的經驗不同，才會產生理解及想法差異與認知能力的差別。一般來說，能讓孩子的認知能力提高所需的經歷並不特別，譬如，和其他朋友在遊樂場玩耍時制定規則，並依規則行動；和朋友發生爭執時，為了解決這些事情的過程都會提升認知能力；簡單來說，就是所謂的「變聰明」。在學校聽老師上課、解題、透過團體活動學習協力完成一件事的經驗都有助於提升認知能力。

那麼，十歲以後大腦就不再發育了嗎？不是的，十歲以後的課題是讓突觸變得更加精密與複雜，也就是說，大腦發育是一輩子的事，但十歲前的多元經驗會左右認知能力的發展。


## 穩定情緒是大腦發育的關鍵

和認知能力一樣重要，很容易被草草帶過的就是**情緒**。情緒非常重要，是因為它是生存必備。回憶一下我們實際感受到享受、快樂、悲傷、生氣等心情與情緒，**感受到不同情緒時，我們的身體也會產生變化，這是透過大腦的自律神經系統把情緒傳到身體各器官與肌肉所產生的現象**。舉例來說，一個人走夜路會緊張，因為不安而心跳加速或冒冷汗，就是人體對外部刺激豎起所有神經的證據。腦神經系統傳遞力量給肌肉，並發出當情況不對時，可以立刻逃跑或擊退對方的訊號。

如果因為朋友叫你的綽號或取笑你而生氣，這個情緒資訊傳到自律神經系統，會讓你心跳加速，全身血液循環加快，身體因此發力，變成好像要立刻撲上去的狀態，這也是因為情緒所產生的身體變化。

情緒由邊緣系統掌管，邊緣系統下端的杏仁核（Amygdala）主管恐懼及憤怒反應，所以當我們憤怒、恐懼或不安時，它扮演受到刺激並分泌壓力荷爾蒙皮質醇（Cortisol）的角色，我們會受皮質醇影響，心跳加快，並對威脅對象保持高度警惕。

　　通常講到要變聰明，大家都覺得只要多閱讀，用功讀書就行了，但其實還有比這更重要的事；情緒與腦細胞神經迴路突觸的形成有關，特別是嬰幼兒時期，孩子在母親或養育者身上感受到的情緒越豐富，就可能生成更多元的突觸。在嬰幼兒時期，當媽媽給孩子餵奶時，和孩子對視，說溫柔的話，身體接觸時也會用關愛眼神看著孩子。孩子不是單純喝奶而已，他們透過右側顳葉接收媽媽的話語、眼神、肢體接觸等充滿愛的感情，就會學習並處理這個情緒。

　　感受到媽媽的愛，孩子心情就會變好，此時就會生成有助於大腦發育的神經傳導物質多巴胺（Dopamine）。**多巴胺有助於促進腦細胞之間形成突觸，幫助孩子維持穩定情緒，認知功能會在情緒穩定時提升，所以多巴胺是大腦發育很重要的因子之一。**

　　相反地，如果是疲於照顧孩子的媽媽，在非常煩躁的狀態往孩子身上出氣，或表現得冷淡疏離，孩子便會立刻感受壓力。雖然會有人說孩子哪懂得什麼是壓力，但在孩子身上是能測得壓力荷爾蒙皮質醇的存在。皮質醇不只讓人心情不好，甚至會使身為記憶裝置的海馬迴機能降低。

# 記住成長發育的關鍵期

　　「變聰明」是什麼意思呢？就是指大腦發育。不只兒子，所有人類的大腦發育都遵循著某種規律或原理。

## 養成狼少年？

　　大腦的發育原理很簡單，就是持續性使用及重複。為了證明這點，哈佛大學大衛・休伯爾（David H. Hubel）教授與托斯坦・威澤爾（Torsten Wiesel）以猴子與貓進行實驗。他們將大腦功能一切正常的幼猴及幼貓的其中一隻眼睛遮起來，讓牠們只能使用另一隻眼睛。幼猴和幼貓以這樣的狀態生活了三個月，除了一隻眼睛被遮起來外，其他生活環境條件都是最佳狀態，提供充足飲食也能和母親同住獲得充足的愛。三個月後，讓牠們的另一隻眼睛恢復成原來狀態，卻出現驚人結果。這三個月以來，因為遮蔽而未接受任何刺激的眼睛變得再也看不到了。

兩位研究者觀察了幼猴與幼貓的眼球及大腦枕葉狀態。**枕葉是能覺察眼睛看到的物體，加以辨識並傳入視覺皮質的地方。**幼猴與幼貓的眼球功能正常，視網膜與瞳孔也沒有任何異狀，問題出在有視覺皮質的枕葉。枕葉作為傳遞眼睛所見訊息角色的腦細胞有部分受到破壞了。

　　**透過這個實驗可得知，大腦雖然越用越發達，但如果不用就會受損。不只是大腦細胞，連接腦細胞的突觸也會消失。**這就像山路一樣，沒有人煙的山裡，有人跡就會走出一條新的道路，沿著痕跡多次反覆，就會成為一條很明確的登山路徑。但無人跡的路，只要稍微沒有人流，就會長出茂盛的雜草，要找到山路的痕跡也會變得艱難。

　　大腦也是如此，如果突觸沒有腦細胞經過，這條路就會退化，感受到自己沒有存在價值因而消失。不太使用的突觸也確實會消失，講得更明白一點，第一次嘗試從未做過的事情時，和那件事相關的腦細胞之間會出現路線的痕跡，也就是生成所謂的突觸。反覆走這條路會讓突觸變得更加結實及平坦，**但即便是再完整的突觸，如果不加以使用，就容易因而凋零、斷絕，甚至連腦細胞都會消失。**

　　**這種機制不僅限於學習，人際關係與待人技巧、控制及調節情緒的能力也一樣，因為掌管人類所有行動的腦細胞就分布在我們的大腦裡。**雖然這聽起來有點可怕，例如電影《狼少年》的主角，要和人學習圓融相處的技巧、理解並共情他人的能力等，如果不加以練習，就會像打從一開始就不具備這種能力的人一樣。


## 大腦發育的四階段

　　電影《返家十萬里》曾出現主角少女偶然撿到候鳥蛋而孵化的場

景，接著發生一件很有趣的事，剛孵化的雛鳥誤以為少女是自己的媽媽，不分晝夜地跟著她跑。

這種現象在心理學稱為「銘印（Imprinting）」，就像我們能自動反應出小時候背過的九九乘法表，是一種完全烙印在腦中的現象。**銘印會在發育的「關鍵期（Critical Period）」發生，在最容易發育的時期所接觸到的刺激能輕鬆快速被記住，儲存一次就不會遺忘。**就像把窗戶打開有助於通風，因為這些都是在發育之窗敞開的狀況下所接收的刺激。但並不是所有領域及能力都會迎來相同的關鍵期，**不同領域都有各自最適合發展及發育的關鍵期。**醫學家、生理學家、心理學家用年齡區分出不同的關鍵期及大腦發育的階段。

### 第一階段：零到三歲，發展五感的階段。

孩子大腦有爆炸性成長的時期，包含認知、情緒等，人類的所有精神活動都會在此時期均衡發展。但這與學習無關，僅指基本感覺資訊的發展而已。

### 第二階段：三到六歲，額葉發育最旺盛的階段。

位於額頭後方的額葉，積極掌管思考、判斷、語言、感覺、道德感、人性等所有在人類大腦發生的一切機能。也是形塑作為人類所需機能與品行基礎的重要時期。

### 第三階段：六到十二歲，發展語言的階段，由顳葉主要負責語言領域的發育。

若在第三階段前就學過母語，區分及理解母語和其他語言的能力會在這個階段急速成長。

### 第四階段：擁有視覺皮質的枕葉發育最旺盛的階段。

視覺皮質的發育旺盛，這個時期的青少年特別在意外表，也開始擁有比較自己與他人的自覺，並且認知自己是什麼樣的人的自我觀念。

各階段所面臨的關鍵期領域不同，也意味教養環境的重點要依循不同階段而改變。**不要一次營造出所有環境及刺激，而是配合孩子已準備好接受不同環境與刺激的關鍵期。**

---

重點摘要

- 兒子大腦會透過日常生活中的各種經驗，發展其認知與情緒。
- 兒子大腦的發育原理是重複，沒有使用的突觸會消失。
- 認知、情緒、學習等領域不會同時發育，不同領域會有最適合發展的關鍵期。

---

# chapter 03

# 大腦的三劍客——
# 生命、感情、理性

影響情緒的大腦是人體內最複雜也最細膩連結的神經迴路群體。

雖然科學技術日新月異，但我們仍然只能掌握 5% 人類大腦的機能與角色，到目前為止的研究結果顯示，已有能簡單說明大腦的理論，也就是「三重腦」理論。

由科學家保羅‧麥克蘭（Paul D. MacLean）提出的三重腦理論將大腦分為三個構造，分別負責生命、感情、理性領域的重要角色。也就是說，大腦是由腦幹、邊緣系統及大腦皮質三個部分所組成，這也是大腦的深層構造，以下一一探究。

## 生命中樞——腦幹

位於大腦最深處的腦幹主要功能是維持生命機能，也就是負責讓我們呼吸的部位。腦幹的別名是「爬蟲類的腦」，因為從爬蟲類開始的動物才有腦幹。大約五億年前，人類的祖先南方古猿和現在的人類

擁有不同的大腦，他們的大腦非常小，長得很像類人猿的大腦。但根據推測，至少腦幹和現今人類的大腦相似。

腦幹之所以被稱為生命中樞是因為脊髓，腦幹是脊椎神經細胞中，於脊髓最上端逐漸擴大而形成的。因此，由脊髓變形產生的腦幹也執行與脊髓相似的角色，包含呼吸、血壓、心跳數等基本但重要的生命反射機能，而爬蟲類以上的動物都具備這種由脊髓變形而成的腦幹。

腦幹受損會進入「腦死」狀態，腦死顧名思義就是大腦死亡，生命體無法自主維持生命的意思。因為無法自主呼吸，需要倚靠呼吸器等設備，必須啟動人工心肺機才能讓心臟維持跳動；也因為腦幹沒有作用，因此完全無法維持最基本的生命狀態。

腦死與植物人是完全不同的狀態，植物人是指像植物的人。花盆裡的花或植物會行光合作用，還有自主呼吸及維持生命的機能，但植物無法獨立移動，沒有情緒，也無法進行思考；也就是說，雖然有能維持生命的機能，但其他機能都停止運作的狀態就是植物人；因此，腦死雖然無法恢復，但植物人是有可能在很久以後又甦醒的。

# 腦幹功能之一：戰鬥或逃跑反應

　　腦幹功能之一是決定要打還是要逃，又稱為「戰鬥或逃跑反應（Fight Or Flight Response）」。想像你走在暗巷，突然出現搶匪，或遇到一隻凶狠的狗，雖然你腦中一片空白，但你會不自覺移動你的腳步逃跑，又或是不經任何判斷，就與搶匪展開肢體衝突與抵抗。這就是要「戰鬥」還是要「逃跑」所出現的反應樣態。

　　通常人類會在突然遭遇某種危險時，本能地察覺到這種反應。沒有思考空檔，只能反射性採取行動，下達這個命令的部位就是負責戰鬥或逃跑反應的腦幹。是為了維持生命，為了活下來，最原始也最基本的運作。

　　令人訝異的是，腦幹的活化程度也有男女差異，**男性腦幹比女性腦幹活動量大上許多**。這代表什麼意思呢？**這表示男性在面對危及生命狀況時，能比女性更立即且快速地反應。**

　　遇到搶匪或惡狗時，腦幹能迅速感知危險訊號，採取能保護身體的反應。男性在面對危險時，看起來就像已被訓練過要這麼行動的狀態，能本能地快速行動。這種會讓男性更迅速產生戰鬥或逃跑反應，會在分泌更多睪酮素的青春期開始益趨明顯。**男性如果產生情緒的邊緣系統感受到不安、憤怒或恐懼時，這些情緒資訊會立即傳遞至腦幹，並採取符合該情緒的行動。**

　　有趣的是，女性的反應截然不同。**女性邊緣系統如果產生情緒，這些資訊不會透過腦幹移動，而是移動至大腦皮質。大腦皮質掌管思考及判斷，所以女性在面臨危急狀況時，不會像男性那樣出現立即性反應。**

　　兒子在聽到媽媽嘮叨或感到委屈時，很容易出現攻擊行為，這就

是腦幹採取作用的瞬間。邊緣系統產生的情緒傳遞至腦幹，進而產生不自覺的本能反應。就算只了解這部分，應該也有助於稍微了解兒子為什麼會有突發行為吧？

# 情緒中樞──邊緣系統

邊緣系統位於大腦深層構造正中央，又可稱為「情緒腦」。爬蟲類有腦幹，但沒有邊緣系統，只有哺乳類及靈長類以上的動物才有。也就是說，爬蟲類無法感受情緒，但哺乳類和靈長類可以。那麼邊緣系統的有無會對動物的生活帶來何種影響呢？只是單純能否感受情緒的差異而已嗎？

能感受到情緒是件很重要的事。我們可以透過蛇的行為解釋沒有情緒會造成何種結果。大部分的蛇如果感到飢餓，就會吃掉自己的孩子或蛋，因為爬蟲類只有腦幹，只會採取對自身生存必要的行為。如果牠擁有邊緣系統，會憐惜自己產下的蛋或孩子，是不可能會想到要吃掉牠們的。

**因為有從邊緣系統產生的情緒，我們才能在面臨危險時進行自我防禦及保護**。如果有陌生人在我面前揮舞著凶器進行威脅，但我們卻無法感受到任何情緒的話，有可能因此遭遇變故。正因為邊緣系統會產生情緒，我們才能投入為求生存的準備。感受到恐懼、恐怖時，為了擺脫這種感覺，身體會產生力量，心臟跳得比平時更快，腿部也會因此充血等等，身體會進入各式各樣的防禦狀態。

如果沒有情緒，不可能產生能感知這類威脅，進而採取防禦準備的機制。產生情緒也可說是為了幫助我們生存，讓身體打起精神的意

思。有趣的是，男性與女性在傳遞情緒的方向也有所差異。

　　如同前面稍微提及的，邊緣系統產生情緒後，女性大腦會將這份情緒資訊傳遞到大腦皮質，針對資訊進行判斷及調整，再把情緒傳到適合控制的場所。相反地，男性大腦在邊緣系統產生情緒時，會將這份資訊傳遞到腦幹，也就是會用迅雷不及掩耳的速度對這份資訊做出反應的意思。所以在處理認知情緒這部分，會依據性別不同而有極大差異。

　　女兒即使早上因為媽媽的嘮叨而感到煩躁，但只要在學校跟朋友們聊天，又會若無其事般地忘掉，回到原本的狀態，因為情緒已經在大腦皮質被處理掉了。但兒子可能會因為這件事悶一整天，甚至因為雞毛蒜皮的小事對朋友出氣，因為兒子大腦裡的情緒並非由大腦皮質處理，而是直接傳到腦幹了，所以如果沒辦法透過立即性反應處理掉這個情緒，就會持續被那股情緒包圍及影響。

# 海馬迴：儲存記憶的場所

　　**邊緣系統除了產生情緒，還會處理記憶，因為負責掌管記憶的海馬迴也位於邊緣系統內。**海馬迴是在學習新事物時，會讓那些內容停留，進而記憶、學習並記錄的部位。如果邊緣系統受損，也會因此無法記憶及學習新事物。

　　我們直到最近才知道海馬迴負責掌管記憶，這一切都多虧了因為**癲癇症狀嚴重發作**而住院接受手術的患者。

　　該名患者為了治療癲癇，接受手術切除大腦的部分顳葉、邊緣系統的杏仁核及海馬迴。當時人類還不清楚海馬迴及杏仁核的功能，

雖然為了治療癲癇的手術成功，但問題出在接下來的狀況，患者無法記得手術後重新接觸及認識的人或約定，即使跟新認識的朋友打完招呼，也會一轉頭就忘掉這個記憶，就像初次見面一樣，又再打一次招呼。也不記得新學的單字或公式，彷彿失去了學習能力。最讓人驚訝的是，手術前的記憶全然被保存，但手術後的一切記憶卻一點不剩。

雖然就患者而言，這是件很遺憾的事，但也因為這場手術，我們才知道海馬迴是記得新學習的事物之處，並讓它加以停留與記錄的場所。

那麼，記憶裝置為什麼偏偏會在邊緣系統裡呢？記憶是認知機能，不是應該在大腦皮質裡嗎？但仔細研究記憶的內容，便可了解箇中原因。試想什麼樣的內容能長久保存在記憶中不被忘記？**就是有情緒在內的內容**。被老師稱讚後，學過的內容都在腦海中難以遺忘，讓我生氣的人長什麼樣子也令人難以忘卻。這種記憶並不是從一開始就這麼順利生成，而是某種內容被傳到大腦後，**這些內容被存在海馬迴裡，此時，這些包含情緒在內的內容也會持續被留在記憶中並儲存下來。**

## 大腦皮質——進行思考與判斷

位於大腦最外圍的大腦皮質，以進化角度來看，是到最近才形成，也是讓我們能活得像人的重要部位。人類會思考、會判斷、會掌管及控制情緒、擁有好的人性與道德感，就是因為有大腦皮質存在。人類能凌駕於動物，也是因為大腦皮質讓我們可以進行思考與判斷。

我們目前只知道 5 到 10% 的大腦皮質功能，即使科學技術再發達，要觀察活腦的功能仍然有其極限，所以它依然是我們的研究對象。針對到目前為止所知的大腦皮質功能，我們通常依照位置區分來說明。

我們所熟知的額葉、頂葉、顳葉及枕葉就是構成大腦皮質的要素，並依位置區分大致的功能與角色。


# 額葉：面積最大也最重要

額葉是大腦的四個「葉」中，面積最大，也是擔任人類聰明思考與判斷，負責解決問題與計劃未來的角色。

特別的是，額葉和相當於情緒腦的邊緣系統連結。一般講到思考，都會想到處理數字、話語、文字符號的機能。額葉除了處理這些象徵符號外，也會用合適的方法控制及處理來自邊緣系統的情緒資訊。特別是額葉中，位於額頭眉心之間的前額葉（Prefrontal Lobe）負責掌管道德，因此，如果前額葉受損，就會在道德面發生嚴重問題。

舉例來說，美國南加州大學阿德里安・雷恩（Adrian Raine）教授研究了三十八位反社會人格男女罪犯的大腦。這些人的共通點是他們掌管道德面的前額葉比一般人還小。額葉機能若產生問題，不只喪失記憶、判斷及計算等認知能力，溫暖的人性與道德也會產生問題，有很高機率成為會做出反社會行為的罪犯。

比起女兒，兒子的大腦額葉發育相當遲滯。比較同齡男女學生的額葉活性，研究結果顯示女兒的大腦明顯更加活化，也因此，**比起女兒大腦，兒子大腦較難以適切的方式表達情緒，甚至有較高機率出現破壞或攻擊性言行的傾向。**

# 顳葉：語言魔術師

顳葉位於太陽穴內，左右腦都有。顳葉裡有聽覺皮質，擔綱與聽力有關的重要角色。如果顳葉發生問題，即使耳朵沒問題也可能聽不到聲音，或是有任何聲音進入耳朵，也沒辦法區別聲音為何。

位於左腦的左腦顳葉是負責語言學習的核心中樞，擔任學習語言、學說話、理解語言意義並區分母語及外語的角色；位於右腦的右腦顳葉雖然會意識到相同的聲音，但主要負責理解樂器旋律、人們話語中的情緒。即便是講一樣的單字，用不同語氣說出口就會被解讀為截然不同的意義，若右腦顳葉故障，就會聽不出這部分。例如有人用譏諷語氣說「你還真厲害」，若只單純分析字面上的意義，會以為對方在稱讚自己。


# 頂葉：掌管運動機能

位於頭頂到後側的頂葉負責掌管身體的運動機能，以及收集目前身體狀況與各部位的情報。第一次學瑜伽或皮拉提斯時，命令手臂、腿及腰部做出正確姿勢的就是頂葉。

頂葉的另一個角色是認知透過眼睛接收的資訊，主要是由靠近枕葉的頂葉負責。透過眼睛接收的資訊會辨別現在身體所在場所，並幫助身體維持平衡。

# 枕葉：後腦杓有長眼睛

枕葉位於後腦杓，也是負責處理與辨別視覺資訊的視覺皮質所在之處。就算眼睛沒受傷，如果枕葉受損或因事故受傷，會無法辨別眼前的事物，就算用眼睛看了，也不知道自己看了什麼，或是無法分辨這些東西的差別。

實際上，也有因交通事故造成後腦杓及大腦皮質受損的患者，即使眼睛完全沒受傷，也會受到視覺性障礙影響，無法看到事物。枕葉除了認知事物位置、速度及大小等，也會處理顏色、形狀與質感等資訊。能夠看地圖或在地鐵找到正確出口，也都是多虧了枕葉。

─────────── 重點摘要 ───────────

· 兒子大腦的最深處有負責維繫生命的腦幹。
· 兒子大腦的中央有著產生情緒的邊緣系統與記憶裝置海馬迴。
· 兒子大腦最外圍有大腦皮質，根據大腦皮質位置不同，可分為額葉、顳葉、頂葉及枕葉。
· 額葉負責人類大部分的能力，顳葉掌管語言與理解情緒，頂葉處理運動功能，枕葉則負責處理視覺資訊。

chapter
04

# 懷孕三個月
# 決定大腦的性別

　　韓國法律規定懷孕滿三十二週前，不得告知胎兒性別，但無論古今中外，大部分的父母都會在懷孕後開始好奇寶寶是男生或女生。因為從取名到衣服、房間氛圍都會根據性別而有所不同。那麼，胎兒的性別大概是什麼時候決定的呢？在受精後約六至七週就會決定胎兒性別，在這之後，性荷爾蒙分泌量就會開始影響胎兒大腦，進而形成兒子的大腦或女兒的大腦。

　　**區分兒子或女兒的標準大致可分為兩種，一個是生殖器等身體特徵；另一個是一般典型的行為與傾向，也就是男性氣質或女性氣質。**決定兒子和女兒身體特徵和外貌的是性染色體與性荷爾蒙，男性氣質和女性氣質的行為與傾向則由大腦支配；決定兒子和女兒的大腦也由性荷爾蒙負責。性荷爾蒙在胎兒體內分泌，進而塑造出男性氣質的大腦或女性氣質的大腦。

　　但有趣的是，精子和卵子在媽媽腹中相遇後，雖然會依據染色體決定性別，但不會同時擁有兒子或女兒的大腦。**在決定性別後到十二週左右，就連兒子也擁有與女兒大腦相同的型態。**所以女兒的大腦是

人類大腦的起點，也可說是最原始的型態。懷孕三個月後，男性荷爾蒙睪酮素開始分泌，兒子的大腦才因而有所不同。

## 六週至七週開始決定性別

　　如同前面所說，胎兒在受精六至七週後會決定是兒子或女兒，決定性別的最重要因素就是染色體。胎兒由媽媽和爸爸各提供一半，共46條染色體組成，其中有44條組成22對，決定瞳孔顏色與形狀，以及臉部長相及四肢等外型。剩下的一對就是性染色體，媽媽提供的一定是X染色體，此時若爸爸提供X染色體，就會形成XX染色體的女兒；若提供Y染色體，就會形成XY染色體的兒子。

　　胎兒被決定為兒子後，此時的生殖器看起來幾乎只像痕跡一樣，接著會很快出現兒子的樣子。雖然還只是胎兒，但形成男性荷爾蒙睪酮素的細胞開始發育，胎兒分泌睪酮素，首先會讓生殖器的樣子變得更加明顯。如果懷孕六至七週左右，胎兒被決定為女兒就幾乎不會分泌睪酮素，接著形成女性生殖器。胎兒的生殖器能明顯被辨識為兒子或女兒的時機點，約落在十二週，也就是懷孕後三個月左右。

## 形成兒子大腦的男性荷爾蒙睪酮素

　　**男性荷爾蒙睪酮素不只決定兒子的身體特徵，也是形成兒子大腦的核心角色。**在懷孕三個月決定胎兒性別之際，大腦中樞神經會開始急速發育，也在此時形成兒子或女兒的大腦。

有趣的是，擁有男性生殖器的胎兒會分泌極大量的男性荷爾蒙，此時的睪酮素分泌量超過幼兒期到兒童期所分泌的總量四倍之多，與男性變化最為劇烈的第二性徵期，也就是青春期的分泌量幾乎相同。如果這時候的睪酮素分泌不夠多，雖然還是能形成男性生殖器，但仍不足以形成兒子的大腦，所以會形成雖以男兒身出生，但擁有女性氣質較強烈的女兒大腦。也有與此相反的狀況，在女性生殖器形成後，母體分泌的睪酮素傳遞給胎兒，可能形成以女兒身出生，但擁有男性氣質較強烈的兒子大腦。

　　研究男女大腦差異的英國遺傳學家安妮・莫伊爾（Anne Moir）與大衛・傑西爾（David Jessel）以老鼠為實驗對象，研究男性荷爾蒙對大腦的影響。研究人員將甫出生的公鼠去勢，讓牠再也無法分泌男性荷爾蒙睪酮素。無法分泌睪酮素的公鼠雖然維持公鼠的外表，但他們卻和母鼠做出相同行為。

　　更有趣的是，去勢的時機點越晚，牠們會出現與未去勢公鼠更接近的行為；相反地，如果在剛出生的母鼠身上注射睪酮素，母鼠會攻擊其他老鼠，並對其他母鼠做出公鼠才有的性方面行為。

　　剛出生的老鼠大腦與約七週的胎兒大腦相似，這時機點的老鼠和人類，都處在決定大腦性別的關鍵期。**換句話說，在大腦還沒完全成形的狀態下，接觸多少男性荷爾蒙，也會決定是否形成兒子的大腦。**

# 能透過手指長度知道睪酮素數值？

曾有此一說！有個方法能簡單判斷擁有男性腦或女性腦，也就是測量手指長度。英國中央蘭開夏大學的心理學家約翰・曼寧（John Manning）博士綜合三十多年來的研究成果，主張人類的無名指與食指有著男女相關的性別資訊。

曼寧博士的研究結果指出，媽媽腹中的胎兒為兒子時，會分泌大量男性荷爾蒙睪酮素，導致無名指比食指更長；若分泌量較少，食指和無名指的長度則相差無幾。

此外，媽媽腹中胎兒若是女兒，女性荷爾蒙雌激素分泌增加，會讓食指和無名指的長度趨於相同，或食指比無名指更長；相反地，若雌激素分泌較少，即便是女兒，也會和兒子一樣，無名指比食指長。實際上，多數男性的無名指都比食指長，女性的食指也都比無名指長。

進行與此相似研究的西蒙・拜倫－柯恩（Simon Baron-Cohen）的研究結果也顯示，擁有與自己的生殖器或身體器官相反性別的大腦者，**也就是身為兒子但食指比無名指長，或身為女兒但無名指比食指長**的人們，推測約占全球人口 17%。柯恩也補充，這些人並非異類也不奇怪，而是具有不僅能與同性、也能與異性好好相處的優點。

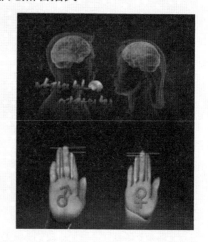

chapter
05

# 為什麼兒子都不會
# 看人臉色？

幾十年前，有位名叫朱利葉斯·巴耶塔爾（Julius Bayerthal）的學者主張男性的頭圍比女性大上許多，所以男性的智力比女性優越。發現人類語言中樞的外科醫生保羅·布羅卡（Paul P. Broca）也主張因為女性大腦比男性還小，所以女性智力較低。依照目前為止的研究結果來看，雖然不表示大腦比較小就是智力較低，**但女性大腦的體積確實比男性小 9 到 12%**，這樣的差異也在胎兒時期就已經顯現。

那麼，我們以大腦各部位為中心，來探討能區分兒子和女兒大腦的差異吧。

## 控制欲望的下視丘　兒子比女兒體積大

人類大腦構造中，間腦（Diencephalon）位於大腦最內側。間腦主要掌管內臟、血管等自律神經，間腦內部還有下視丘（Hypothalamus），比起器官，把下視丘想像成是一團感官相關的腦細胞會更加容易理

解。下視丘匯集了人類所能感受到最為基本的生理需求，例如食慾、性慾、睡眠等相關腺體的調節，特別是兒子大腦的下視丘中，與性中樞相關的腦細胞比女兒的範圍更大，形狀也有所不同。

以兒子來說，作為腦細胞間連接橋梁的突觸，比女兒大腦的突觸更多且細密，也就表示下視丘腦細胞之間的連結十分暢通，能用更快的速度傳遞訊息。再加上兒子的下視丘比女兒更大，就更能感受到欲望，欲望的持續時間也相對較長。更準確來說，兒子大腦中如果產生了某種欲望，沒有滿足它的話，會很難阻止兒子繼續去想它。

# 兒子是右腦人　女兒是左腦人

在媽媽腹中決定胎兒性別後，也就是懷孕三個月起，兒子大腦中的男性荷爾蒙睪酮素會開始大量分泌，除了改變兒子的身體外型之外，也會脫胎換骨為我們一般認知中，會出現典型「男性」想法與行為的大腦。

我們常把大腦分為左腦與右腦，也常常提到所謂的「左腦人」與「右腦人」，那麼兒子更接近左腦人還是右腦人呢？

對男女大腦發育很有興趣的諸多科學家共同發現的事實之一，就是打從娘胎開始，兒子的右腦更發達，女兒的左腦更發達。這可透過大腦皮質的厚度得知，大腦皮質比較厚就表示形成了更多腦細胞間的突觸，導致面積更大的意思。面積大，也有許多突觸的大腦皮質會發揮相當卓越的能力，**通常兒子都是右腦的大腦皮質更厚，女兒則是左腦。**

**右腦與藝術想像力有關，負責對事物的統合性及綜合性理解，也擅長處理對空間及立體事物資訊的理解。左腦則與流暢使用語言**

的能力有關，並以分析且有邏輯的思考為特色。特別是兒子的右腦在機器、地理、讀地圖與測量等相關的空間知覺與空間推論能力特別突出，雖然無法量測尚未出生的胎兒能力，但從比較兒童能力的結果來看，參加美國地理知識競賽的數百萬名兒童中，能晉級決賽的男孩比女孩多出四十五倍之多。

這樣的結果也同樣發生在動物實驗中，耶基斯國家靈長類研究中心（Yerkes National Primate Research Center）研究團隊以獼猴為對象，進行不同性別會選擇何種玩具的實驗。結果顯示小公猴就像小男孩一樣，玩卡車、工具等玩具的時間更長；小母猴不只會玩小公猴玩的玩具，還會像小女孩一樣玩娃娃或扮家家酒等成套的玩具。

接著他們進行另一個實驗，當賦予猴子執行找路任務時，公猴只會依賴空間型態找路，母猴則會依靠指標或參考路邊的各種事物找路。在執行任務前，測量這些猴子的男性荷爾蒙睪酮素數值發現，只依賴空間型態找路的猴子，睪酮素數值更高，和母猴類似，會利用各種方法找路的公猴睪酮素數值則偏低。

**綜合以上可得知，男性荷爾蒙睪酮素的分泌會讓兒子右腦更加發達，而這樣的發育型態也讓他們更加擅長進行空間型態與推論。**

# 胼胝體的差異　女兒比兒子會說話

人類大腦分為兩個，也就是左腦及右腦。連結兩腦的神經纖維束稱為胼胝體（Corpus Callosum），也可說是讓左右腦能進行資訊交換與傳達的連接通路。

胼胝體有男女差異的主張是因為拉科斯特-烏塔姆辛（Christine de

Lacoste-Utamsing）博士和霍洛威（Ralph L. Holloway）博士進行的實驗而受到矚目。他們主張男女大腦的最大差異就是胼胝體，為了證明這點，他們取得遺族同意，替近期死亡的十四位亡者大腦進行屍檢，並與多位科學家一起，在不知道性別的狀態下觀察大腦構造、狀態、重量等各種條件，進而猜測這些大腦的所有者是男性或女性。

令人訝異的是，參與這場實驗的每位科學家光看胼胝體的重量與型態，都能分辨出男性腦或女性腦。實際上，**男性的胼胝體較窄且細長，重量也較輕；女性的胼胝體則短而粗，並比男性胼胝體明顯重上許多**，而這樣的差異代表著什麼意義呢？

因為兒子的胼胝體較為細長，除了無法迅速交換左右腦資訊，交換量也不多。也因此，兒子比女兒更寡言，且不懂看人臉色，很容易被看成是陷入自己的世界或散漫。女兒能提早就有條不紊說出很多話，有較優異的表達能力。女兒之所以看起來和兒子截然不同，就是因為胼胝體的差異。

但如果因為這樣就認為兒子的情緒不發達，或認為他和情緒相關的腦部發育不完全，那就大錯特錯了。因為他們可能在某個瞬間，會因為憤怒感無處可發洩而爆發。

韓國社會受儒教思想影響，把男人不表現情緒視為一種美德。反而還覺得要能摒除情緒，才能獲得社會性成功。或許也是因為長久以來的慣習，講到兒子就會出現「沉默寡言」，甚至「沒什麼感覺」的印象。

但持續研究胎兒期的男女性大腦發育及差異的加拿大麥克馬斯特大學神經學者桑德拉・韋特爾森（Sandra Witleson）博士主張：兒子一樣也能感受並處理情緒。以兒子來說，右腦負責感情、心情及情緒，相較於女兒，**胼胝體更加細長的兒子因為傳遞情報較為遲滯，一次無**

法處理大量訊息，只是他們要把自己感受到的情緒或心情用言語表達出來的感情資訊，比女兒更耗時而已。

每個人都會想把自己的情緒，特別是負面情緒，傾訴給他人知道並想獲得慰藉，這並不會因為那個人是兒子就有所不同。但如果過往的社會觀點與文化影響持續累積會變成什麼樣子呢？英國三十四歲以下男性死亡原因的第一名是自殺，澳洲十五到四十四歲男性的死因第一名也是自殺，韓國青少年與青年自殺率也逐年上升。雖然這是非常可怕的統計結果，但我們需要思考兒子在情緒表達的辛苦及引導兒子如何表達情緒的必要性。

請記得，兒子沉默寡言與遲鈍粗心並不表示他們沒有情緒。只是因為右腦感受的情緒資訊無法傳遞到能用語言表達的左腦，才會沒有表露出來而已。**我們需要同理兒子的大腦在不知道自己感受到的情緒為何，卻只能感受到一堆情緒存在而手足無措的狀態。**

---

重點摘要

· 在媽媽懷孕期間，兒子大腦的男性氣質是由男性荷爾蒙睪酮素的分泌量而定。
· 兒子大腦中，左右著感受欲望及滿足欲望行動的下視丘，比女兒大腦的下視丘體積更大。
· 兒子大腦中，負責處理空間的能力、綜合性、抽象性思考的右腦比女兒更發達，但負責語言能力、邏輯思考能力的左腦則比女兒更不發達。
· 兒子大腦中，連結左右腦的胼胝體比女兒的胼胝體更窄，所以他們對於用語言表達感情與情緒相對生疏。

---

# 沒有胼胝體會發生什麼事？

如果缺少了胼胝體這個能讓左右腦進行交流與溝通的重要通路，會發生什麼事呢？

心理學家羅傑‧斯佩里（Roger Sperry）以因為治療癲癇，將胼胝體切除的患者為對象，給他們看半臉男、半臉女的合成照片，進行裂腦（Split Brain）實驗。

患者絲毫不覺得這張很微妙的半男半女照哪裡奇怪，並回答看到了男性的臉。這是怎麼回事？因為對患者而言，女性臉出現在左半部視野，所以會由右腦處理資訊；男性臉出現在右半部視野，會由左腦處理資訊。此外，把輸入的資訊處理成語言加以表達的工作會在左腦進行，但斷絕了左右腦交流的這名患者，右腦所接收的女性臉資訊無法傳遞到左腦，所以沒辦法回答出女性。

**像這類切除胼胝體的患者，對於左手碰觸、左耳聽到以及左眼看到的對象，都無法進行說明。因為負責處理從左側進來的所有情報的右腦，無法把資訊傳到左腦，因而無法用語言表達。**

比這更嚴重的疾病稱為「異手症」（Alien Hand Syndrome），也可稱為「外星人手症候群」。異手症通常發生在切除胼胝體，或因腦出血或感染，導致胼胝體受損的患者身上。症狀是其中一隻手會在與本人意志無關的狀態下，就像自己擁有生命一樣，隨意動作。舉例來說，右撇子患者用右手整理桌面後，會在自己沒有意識到的狀態下，用左手把原本整理好的桌面再次弄亂，嚴重時甚至可能會出現掐自己脖子或毆打自己的症狀。

# 為什麼兒子總是聽不懂
# 媽媽說的話？

　　有兒子的媽媽們如果見面，最常聽到的話就是「他到底為什麼都聽不懂我講的話？」、「同樣在講話，我實在聽不懂兒子在講什麼，我兒子每次聽到我講什麼，也都會說他聽不懂媽媽講的話。」各位知道會發生這種事的原因，是僅僅 1.4 公斤的大腦差異所造成的嗎？**因為男性腦與女性腦不僅有構造上的差異，在面對人、語言、物體等世間萬物時，會隨之啟動的大腦機能與方式也有所差異。**

## 為了生存　男女進化不同的能力

　　我們從進化論觀點來說明發生這種差異的原因就會稍微簡單一些，自原始時代起，比女性身材更高大、移動更迅速的男性主要負責狩獵，為了好好狩獵，必須掌握更容易捕捉獵物的位置，也必須在短時間內爆發出強大的力量。擁有擅長發揮這種能力染色體的男性存活下來並進化後，也讓男性大腦因而具備這種特別能力。

以女性來說，主要負責採集、以物易物及生育，為了跟鄰居和平採集及交換彼此需要的物品，必須懂得照顧他人感受，也要懂得如何看人臉色。為了好好養育孩子，肯定也需要能同理共情並妥善照顧孩子的能力。女性也和男性一樣，具備擅長這種能力染色體的女性存活並進化，因而形成女性大腦。結果，不管是身為男性或女性，都是具有更有助於生存的必備能力的大腦存活下來，各自發展為現今的男性腦與女性腦。

## 男女解讀情緒大不同

「養兒子一點用都沒有！」

這是有兒子的媽媽常會抱怨的一件事，但有趣的是，相較於爸爸，通常都是媽媽更常說出這種話。當然，對大部分的家庭而言，都是媽媽比爸爸更致力於孩子的教養問題，與子女相處更長的時間，也更容易與子女發生衝突或矛盾的事。

大部分的媽媽都會因為兒子的無心而感到傷心，但慶幸的是，這種無心並不是兒子為了讓媽媽吃苦頭而刻意表現的行為。從兒子或男性立場來看，反而會因為自己無心的一句話被找碴，或是因為傷心的媽媽或女性的過度反應而生氣；覺得她們對自己無心所說的話表現得過於敏感，還會追究她們為什麼要說這種話，反而讓他們無地自容。

我們必須記得，兒子的大腦和身為女性的媽媽大腦是不一樣的。媽媽雖然能迅速察覺兒子表情及語調中的微妙情緒，但對兒子而言，要思考這種事情是非常困難的。

# 男孩的左右腦各自獨立　女孩大腦可以共同運作

任職於美國馬里蘭研究中心（Maryland Research Center）的心理學家赫伯特·蘭瑟爾（Herbert Landsell）博士以因癲癇發作而大腦受損的男女對象進行研究。

第一項研究結果，當**右腦受損**時出現的男女差異。右腦負責立體思考空間的能力、統合性理解事物的能力以及藝術想像力。但當男女性的右腦受到一樣損害時，出現的研究結果卻是截然不同。首先，男性右腦受損時，空間能力會因而下降甚至消失；相反地，女性右腦受損時，即使和男性右腦受損部位相同，她的空間能力仍然維持原狀。

第二項研究結果，當**左腦受損**時出現的男女差異。左腦主要負責語言能力，是進行邏輯性思考與分析後做決定的地方。左腦受損的男性會出現無法說話或喪失語言能力的狀況，但女性即使左腦受損，她的語言能力也依然維持原狀。

透過這樣的研究結果所得出的結論是，以男性來說，男性大腦擁有語言能力只由左腦負責，空間能力只由右腦負責的大腦專門性。但**以女性而言，無論是語言能力或空間能力，都不僅只有左腦或右腦單獨掌管，而是分散在兩腦進行控制**。

蘭瑟爾博士這項驚人發現也在最近透過科學技術，以腦部影像進行分析及驗證。美國佩雷爾曼醫學院（Perelman School of Medicine）的拉吉妮·韋瑪（Ragini Verma）教授的研究團隊，以八到二十二歲的 428 位男性及 521 位女性為研究對象，分析他們腦部連結網絡構造的資料，所得出的結果可發現非常明顯的男女差異。

如下圖所示，男性的左腦只在左腦，右腦只在右腦範圍內形成活

躍的連結網絡，也就是說，**男性的左腦機能只由左腦負責，右腦機能只由右腦負責。**女性的狀況就有所不同了，大腦內明顯形成更多穿梭於左右腦的連結網絡，也就是說，左腦與右腦是共同負責各功能的運作。

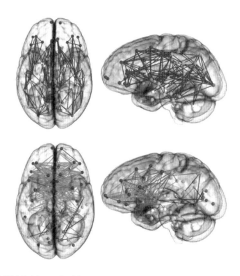

大腦連結構造的男女差異。圖片上方是男性大腦，下方是女性大腦。專門化的兒子大腦，左腦只負責左腦功能，右腦只負責右腦功能，女兒的大腦功能則是分散於左右腦。出處：Ragini Verma, PNAS（美國國家科學院院刊）

## 兒子大腦結構專門性的優缺點

「兒子的大腦是專門性的」這句話就像銅板的正反面；銅板的正面，我們先來看看兒子大腦的專門性所擁有的優點，兒子大腦在特定領域中，會比女兒大腦擁有更卓越的能力，尤其是空間能力更是如此。

研究男女大腦構造差異的加拿大神經學者桑德拉‧韋特爾森博士主張，男性大腦的結構差異，在於不同能力的腦部區域都是單獨存在的。

例如語言能力只由左腦，空間能力只由右腦掌管。女性的狀況是包含空間能力在內，抽象性思考、情緒控管能力等都由左右腦共同掌管。也因為一個部位要同時處理很多事情，執行結果也必然下降。相反地，**男性大腦只由右腦的某個部位負責空間能力，所以能更迅速、輕鬆且有效率地解決問題**。當兒子在演算數學習題時可能無法同時回答媽媽的問題，因為兒子正在專注於執行某件事情。

那麼，硬幣的背面，就是兒子大腦的專門性所造成的缺點，則是在不幸發生事故或生病時，就可能會產生問題。若遭遇變故或罹患疾病導致大腦某一部分受損，相關能力就會因此消失。如同赫伯特·蘭瑟爾的研究結果，男性右腦受損時，空間能力會因而消失；左腦受損時，會出現無法說話或理解的狀況。

女性大腦雖然不及男性大腦的專門性，但因為語言能力或空間能力分散在大腦各處，即使大腦有一部分受損，也不至於出現失語或空間能力消失的狀況。雖然能專注並做好單一事件，但受損時就會失去所有能力的致命結果，就是兒子大腦結構專門性的缺點。

# 右腦發達的兒子
# 所擅長的能力

　　因為兒子大腦的右腦更加發達且專門化，他們更容易推測空間，也更會看地圖，相較之下比較喜歡數學與科學。除此之外，這也和擅長體育或桌遊有關，比起人際關係，也對事物等物體更有興趣。

## 數學與科學的能力　兒子還是會比女兒優異

　　男性比較擅長數學及科學，女性在這方面能力比男性較差的結論，早在很久以前就已經被大家公認。有些反對此說的學者表示，這是因為數學或科學相關領域只給男性受教機會，是因為女性沒有能好好接受科學與數學教育的關係。再加上還有男性的思考較有邏輯且科學，女性則較情緒或傷感的刻板印象所形成的社會氛圍，造成這種想法更加根深柢固。

　　實際上，為了確認這項主張是否正確的研究也陸續登場。以下介紹美國心理學家朱利安·史丹利（Julian Stanley）與卡蜜拉·本鮑

（Camilla Benbow）博士所做的研究。他們針對美國在數學與科學領域被判別為天才的兒童，進行長達十五年的研究。兩位博士深知男女擁有不同能力的主張可能被作為性別歧視的根據遭人惡用，又或是這件事本身就被當作性別歧視看待，於是非常認真且縝密地進行這項實驗。令人非常驚訝的結果出現了，**即便是女學生中看起來數學能力最強的孩子，她的能力也依然跟不上最優秀的男學生。而且男學生與女學生的數學天才比例也是男學生高出十三倍之多。**

這個結果通常會讓正在就讀國小的兒子母親感到半信半疑，因為仔細觀察國小教室，在數學或科學課時，通常都是女兒比兒子更加嶄露頭角。實際上，學齡期的兒子在數學或科學領域中，確實都比女兒更加落後。但在青春期之後，數學就不再是單純的演算與計算，而是開始討論理論與抽象概念。此時，右腦較發達的男性大腦就會發揮實力，畢竟不是比較早出發就一定會率先通過終點。但不可否認，還是有因為基因與教養經驗的不同，擁有不同大腦結構的兒子。

## 看地圖、找路、運動等達人　男生比例較高

賓夕法尼亞州立大學的林・利文（Lean Liven）教授分析為參加美國地理競賽而齊聚一堂的全美國各區的 500 位學生。首先，通過預賽、複賽，進入決賽的男學生比例高出女學生四十五倍之多。因為這場競賽需要進行的專題多半是看地圖找地區、分辨地形等這類與推測空間和立體思考的右腦能力有關。

右腦較發達的男生大腦與運動的淵源也很深，特別是要運用四肢抓球丟球的球類項目表現得更加活躍。棒球、足球及籃球等多人球類

運動中，最重要的就是四肢與眼睛的協調能力。用眼睛看著球移動身體，一邊移動身體還要持續想像著空間與球的變化，非常需要立體性思考能力，這也是右腦發達的兒子更加擅長的運動項目。駕駛或看地圖找路等方面，兒子會比女兒更加嶄露頭角也是基於相同原因。

# 懂得等待的媽媽
# 會有福氣

　　兒子大腦會比較喜歡數學及科學，擅長與空間相關的遊戲或活動的能力是從何時出現的呢？如果我們能知道兒子大腦所擁有的典型特性是何時開始出現，有助於父母快速了解並掌握兒子的個性與喜好。

## 男孩女孩對於玩具　各自情有獨鍾

　　兒子大腦的特性會在非常年幼時出現，當然他們不會從一開始就很會解數學題，或做科學實驗。但最簡單的觀察方式就是玩具，英國倫敦大學城市學院的研究團隊也為此做過孩子會如何選擇玩具的實驗。

　　研究團隊事先向各 300 位的成人男女進行問卷調查，了解他們兒時印象最深刻的玩具為何。其中出現最高比例的玩具共六項。另外針對出生九到三十六個月的八十三位幼兒，展示汽車、挖土機等工程玩具、足球、娃娃、用柔軟織品做的熊娃娃及扮家家酒套組，三分鐘後，觀察幼兒選擇何種玩具。結果就與我們所擁有的既定印象相同，

甫出生九個月的男孩多半選擇有輪子、會移動的汽車或採掘機模型；女孩則多半選擇露出微笑、會眨眼的人偶、軟綿綿的熊娃娃和扮家家酒套組玩耍，這與事前調查的 300 位成年男女的結果相當一致。也就是說，即便是成人，男性也把汽車選為人生中印象最深刻的第一個玩具，女生則是選擇娃娃。

更有趣的是在了解顏色喜好是否也有性別差異時所觀察到的結果，觀察男孩子會選擇粉紅色或藍色熊娃娃時，就連才九個月大的嬰幼兒明顯對娃娃毫無興趣，結果是完全無法進行這項實驗。

這種因為性別差異而導致對玩具喜好不同的傾向，會隨著年紀增長而更加明顯且強烈。研究團隊以二十七到三十六個月大的幼兒為對象觀察玩具喜好度，女孩子多半會把遊戲時間的一半以上，都花在玩和人類臉部表情相似的娃娃。相反地，男孩玩挖土機等工程玩具的時間佔遊戲時間的 87%。


## 大腦特徵決定行為表現


長期研究男女大腦特徵的安妮・莫伊爾博士主張男女行為差異會從出生不到一年的嬰兒期開始，到兒童期、青春期為止，行為會出現明顯差異是大腦構造與特徵差異所造成。莫伊爾博士為了查明男女行為差異與腦特徵的關聯，觀察了在幼兒園可看到的兒童行為。媽媽上班前把孩子帶到幼兒園時，大部分的孩子都會大哭，並對著要去上班的媽媽背影做出各種悲傷表現。

但莫伊爾博士找到了男孩子與女孩子的行為差異。女孩子在與媽媽分開後，到她們開始進行下個行為時，例如在教室玩耍或開始找其他朋

友相處，所需要的時間平均是 1 分又 32.5 秒，但男孩子所需要的時間平均是 36 秒，他們就會衝向遊樂場，男孩與女孩真的有所不同。

或許兒子的母親會對這部分的觀察感到傷心，可能出現「兒子本來就不會太親人」、「我兒子是不是對媽媽沒有愛？」的想法。但這與媽媽對兒子的愛有多少毫無關係，只是兒子大腦特徵所造成的影響，無須在此多做解釋或賦予意義。

莫伊爾博士也觀察孩子玩耍的模樣，女孩子主要都坐著玩，男孩子則傾向用積木堆房子、用手上能拿到的工具拍拍打打、佔據較寬敞的空間跑跳的遊戲等。此外，男孩子雖然會對新玩具出現眼神明亮，展現高度興趣的反應，但很神奇的是，他們對年紀相仿的孩子看起來沒什麼興趣，也不會特別想去好好相處或搭話。

這些兒子的大腦特徵與傾向會延續到兒童期及青春期。兒子更喜歡需要手眼並用、手眼協調的活動，所以需要用手抓著滑鼠移動，眼睛盯著電腦螢幕看的線上遊戲，也是兒子會比女兒更加輕鬆上手和沉迷。

## 兒子的教養　媽媽的理解比訓斥更重要

**右腦發達的兒子大腦，喜歡活動、親身體驗及伸手觸摸，比起人，對事物更有興趣。**但這種傾向的兒子常在學校裡遇到困難，因為學校多半都要坐著聽課，上課時間也不能亂動，要好好聽老師的問題並有條理地回答，這些都是跟兒子大腦擅長的事相距甚遠的活動。

兒子的左腦相對沒有女兒這麼發達，要他們乖乖坐著認真聽其他人說話可能有困難。因此，**為了讓兒子更加專心，比起冷靜且斯文有條理的語氣，需要用更大聲且強硬的語調。要是男女學生必須在同個**

教室讀書，讓男學生坐在最能清楚聽到老師說話聲音的前排位置，效果會更好。

　　隨著兒子長大，**媽媽會和兒子產生衝突，通常是因為兒子大腦所擁有的特徵變得更加鮮明的關係。**對兒子來說，要推測和了解媽媽的情緒和想法是件非常困難的事。試想，他光是連自己要不要專心都還拿不定主意了，怎麼可能還去照顧甚至了解媽媽的心情呢？媽媽的傷心是因為媽媽說了才大概懂，但兒子對於那個心情具體而言到底是什麼感到難以理解也是事實。最重要的是，他們的左腦就是比較無力，如果媽媽不用大嗓門說話，兒子便不會注意到媽媽所說的話。

　　站在身為女性的媽媽立場來看，這真是件很怪的事，因為媽媽自己都能很細微感受到兒子現在的情緒狀態，為何不高興，哪裡怪怪的等等。但這種時候，**媽媽需要的不是訓斥兒子，而是對兒子大腦的理解，比起糾正兒子大腦所擁有的特徵與能力，抱持理解與認可的態度更加重要。**

---

**重點摘要**

- 因為兒子大腦專門化的關係，空間能力只由右腦負責，語言能力只由左腦負責。
- 兒子大腦優勢包含數學與科學領域、找路、看地圖等。
- 每個兒子的大腦都不一樣，有的兒子腦中睪酮素不算太高，以至於變成女性氣質特徵較明顯的大腦。

---

# 我兒子的大腦是男性腦，還是女性腦？

在有兒子的父母中，肯定也有人會想說「我兒子好像也沒多喜歡數學或科學……」、「我兒子比起玩汽車，好像更喜歡跟朋友聊天……」。

媽媽在懷孕期間若性荷爾蒙分泌較少，孩子可能不會一下就脫胎換骨為男性大腦，而是成為保有一定程度女性氣質的大腦。即便如此也毋須擔心，孩子反而會因為擁有女兒大腦的特徵，能更加熟稔地處理複雜的刺激，更能聆聽他人說的話，就算進入青春期也不太會和媽媽產生衝突。另外也還有能同時理解男性與女性心理的優點。

那麼，來做個兒子是擁有男性腦還是女性腦的簡單測試吧。

1. 你兒子會在附近出現動物呻吟聲時就立刻找到動物所在地嗎？
   ① 能立刻找到。
   ② 雖然會花點時間，但專心一點就能找到。
   ③ 找不到。

2. 你兒子從小就能記住第一次聽到的音樂或歌曲嗎？
   ① 能記住印象深刻的段落或副歌。
   ② 能記住簡單歌曲的拍子和音調。
   ③ 幾乎沒辦法記住音樂或歌曲。

3. 你兒子只聽到電話裡的人聲就能立刻知道對方是誰嗎？
   ① 能輕易認出。
   ② 某種程度能辨識出來。
   ③ 幾乎認不得。

4. 你兒子算是能了解朋友之間微妙情緒的人嗎？
   ① 很能察覺。
   ② 大致上可以。
   ③ 幾乎無法。

5. 你兒子算是會記人臉和名字的人嗎？
   ① 很會記。
   ② 能記起幾個人。
   ③ 幾乎不記得。

6. 你兒子在各個科目中，都擅長聽寫與寫作嗎？
   ① 兩者都擅長。
   ② 只擅長其中一種。
   ③ 兩者都不擅長。

7. 你兒子相較於其他玩具，更喜歡也更愛玩汽車或積木嗎？
   ① 不喜歡也不擅長。
   ② 雖然不擅長，但還是想努力。
   ③ 喜歡也輕易上手。

8. 你的兒子很會找路嗎？

　　① 不太會找路。

　　② 雖然會花點時間，但還是能找到。

　　③ 是找路高手。


9. 你兒子面臨要和陌生人同座的狀態時，他會與對方保持多少距離？

　　① 坐得很靠近。

　　② 會留一點距離，但還是相對靠近。

　　③ 坐得非常遠。


10. 你兒子喜歡球類項目嗎？

　　① 不算喜歡。

　　② 有喜歡的項目，也有不喜歡的。

　　③ 和球類相關的遊戲都很擅長。


**計分方法**

1. ① 得 10 分、② 得 5 分、③ 扣 5 分，將所有分數加總。

2. 若因有難以回答的選項導致無法填答，則以 5 分計。


**結果**

- 0～50 分：男性腦

- 60～100 分：女性腦

- 50～60 分：可同時使用男性與女性思考方式的大腦

# 給擁有兒子的父母
# 特別準備的教養指南

## 一、理解並認同兒子的大腦

1. 站在擁有女性腦的媽媽立場,很多時候都難以理解兒子的行為,但反過來想,這也表示兒子同樣很難理解媽媽的想法。因此,請接受並理解兒子大腦與媽媽不同的事實。

2. 請記得兒子的大腦也不全然相同,就像每位媽媽都不同,兒子大腦也會因為遺傳與環境形成各種差異。所以即便都是兒子,也可能不會擁有典型的男性腦,反而可能具備女性氣質的特徵,理解並認同自己子女所擁有的特徵是很重要的。

## 二、與兒子的大腦對話

1. 因為兒子的大腦是專門化的,所以他們無法同時處理多件事情。也就是說,他們無法邊寫作業,邊回答媽媽的請求去跑腿。為了與兒子的大腦對話,請一次只講一件事,因為對著正

在寫作業的兒子後腦杓說話，他們的腦袋聽不到，也記不得。

2. 兒子的大腦更容易專注於視覺刺激大於聽覺刺激，只會對大聲嚷嚷的媽媽感到煩躁。此時，**為了與兒子的大腦對話，直視他的眼睛開啟話題是最有效的**。因為兒子大腦對於在眼前的東西，就算只是小小的聲音也能非常專心。

3. 兒子大腦的胼胝體較窄，疏於用語言表達情緒，但並不表示他們沒有感覺。反而會因為無法用語言抒發情緒，感受到負面情緒時反而難以排解。因此，請避免說出讓他傷心的話、和他人比較的話、威脅對方的話。舉例來說，當父母說：「你是抱持什麼居心才做這種事？你說說看啊！快點！」但他們無法回答而嘟嘟嚷嚷或慌張時，有很高機率是兒子大腦真的無法用語言表達的關係。此時絕對不要訓斥他們趕快回答，因為兒子是真的不知道該怎麼表達。

4. 為了認識感受及表達自身情緒能力發展緩慢的兒子，最好要隨時詢問他當下的心情，引導他用語言表達，讓他的精神變得健康。例如「兒子，你很傷心嗎？」、「你看起來心情真好！」等，**父母若多用語言表達快樂、煩躁、憤怒及傷心等情緒，自然而然地引導兒子理解自身情緒並加以表達**。

## 三、與兒子的大腦學習

1. **如果發現孩子特別吵鬧或散漫，在開始讀書前，先讓他進行簡單的運動，是有助於兒子大腦更加專注的方法**。也可利用兒子大腦中負責滿足欲望的下視丘較為發達的特性，例如鼓勵兒子先從喜歡的科目開始讀，先讓他們把「做完喜歡的東西了」的欲望滿足後，再進行下一科的學習就更加容易。

2. 大部分兒子的大腦都是右腦更發達，因此，**比起用語言說明學習方法，讓他們實際操作的學習方法會更有成效。**「百聞不如一見」這句話對兒子而言非常貼切，請不要在只給兒子看書或要他們聽完說明之後，就因為他們表現不好而責罵他們。

第二部

# 幼兒期兒子的
# 大腦管理

兒子大腦擁有的特徵會在非常年幼時透過行為表現出來。大腦處理並控制人類的一切行為、思考及情緒，因此兒子大腦所擁有的特徵，包含胼胝體小、下視丘大、會分泌睪酮素等，都會透過行為表現出來。

兒子與父母培養親密且親愛的關係稱為依附，依附關係越穩固的兒子，在情緒、認知發育方面都更加順利。

幼兒時期也是大腦發育最快速的時期，必須提供大腦所需的營養素，同時關於睡眠習慣、用餐禮儀等生活常規的建立，都需要從幼兒時期就開始培養。

# 影響男性氣質
# 的大腦結構

　　有多個兒子的家庭偶爾會聽到這樣的話,那就是「每個兒子都不一樣」。有的兒子從小就表現出典型的男性氣質,用最近的說法來形容就是「真男人」;有的兒子則是很溫柔親切甚至體貼,會讓人有養女兒的感覺。

　　實際上,在幼兒園或托嬰中心觀察幼兒會發現,男孩子的行為模式也不盡相同。有些小男孩就會做出很「男孩子」的行為,會跑、會跳、會往高處爬、跟其他同齡孩子扭在一起玩到打不起精神,有的小男孩很安靜、乖乖聽老師指示、反而跟女孩子處得更好。那些比較沒有「典型」男性氣質的兒子有什麼差異呢?既然出現不同行為模式,那麼大腦的特徵也不一樣嗎?

　　先從結論說起,更不調皮、攻擊性較低、較不散漫的兒子也一樣還是兒子。雖然沒有表露出男性氣質,但他依然擁有兒子大腦所具備的構造與特徵,可能會以其他方式表露他的男性氣質。舉例來說,無論是有攻擊行為或寡言的孩子,對比於洋娃娃,他們都更喜歡汽車、恐龍和積木並會把玩更長時間,那他們依然都是擁有兒子的大腦。這

種兒子大腦的特徵會在非常年幼的時期展現出來，因為兒子大腦構造特徵與女兒大腦是截然不同。

## 閱讀能力與解讀情緒的能力

　　兒子與女兒的大腦截然不同的原因有二，一是胼胝體的差異。前面提到胼胝體是連結兩腦的神經纖維束，是讓左右腦能進行資訊交換與傳達的連接通道。加州大學洛杉磯分校的大腦科學家羅莉・艾倫（Laurie Allen）博士，主要研究兒子和女兒胼胝體的差異。艾倫博士透過 X 光觀察男性與女性的大腦構造，發現男性的胼胝體只有女性胼胝體的三分之一，因此，兒子的閱讀能力通常都發展得比女兒遲緩。左腦負責辨識及理解韓文字母符號，右腦負責配對象徵語文的聲音。兩個角色合起來才會展現閱讀能力，而**胼胝體較小的兒子左右腦資訊交換的處理速度比女兒更慢，就會出現閱讀遲緩的狀況。**

　　胼胝體的差異也與同理共情能力有關，一般我們看到他人表情就能掌握對方的情緒，是由右腦負責感受情緒，左腦負責將那股情緒命名並理解它。因為女兒的胼胝體較大，才能很容易感受到他人情緒並快速將情緒命名，進而理解對方的心理狀態。相反地，**兒子雖然能感受到他人情緒，但要到他們將情緒命名並加以理解會花很長時間，所以可能會出現看不懂他人臉色的行為。**

　　兒子和女兒的大腦在左右腦的使用方式也有所不同，賓夕法尼亞大學的腦科學家魯本・戈爾（Ruben Gur）博士利用掃描大腦的方法，了解男性與女性大腦的使用方式有何不同。

　　從簡單的拼拼圖，到想像立體空間進行設計的活動等，根據不同

難度，了解大腦哪個區域被活化及其活化程度。研究結果發現女性的大腦活化程度與難度無關，但男性會隨著難度不同而有相異的活化程度。**在需要解決困難問題時的活化程度明顯較高，並且主要由右腦負責。也就是說，兒子在面對與空間相關的問題時，更加發達的右腦會發揮優勢。**

## 睪酮素的分泌對於行為的影響

即便是小孩，兒子的大腦也還是會分泌男性荷爾蒙睪酮素。**睪酮素會引起攻擊性、對新事物的好奇心及冒險心。而能讓兒子心情安定下來的血清素分泌量較少，強烈感受欲望的下視丘則偏大。**

想像一下，在大賣場吵著要買玩具的五六歲兒子，他的腦中發生了什麼事呢？下視丘較大的兒子大腦中會感受到強烈欲望，兒子會為了滿足這股欲望而非常費心。此時若要制止他們，他們腦中的睪酮素就會突然竄出並出現攻擊性的應對。很不幸的是，讓心情穩定下來的血清素分泌又少，要讓他們的攻擊性行為平復下來，需要花上很長一段時間。

當然，並不是所有兒子腦中的睪酮素分泌量都一樣，可能受父母遺傳的影響導致分泌較多，也可能比同齡孩子分泌更少。**根據分泌量不同，兒子的外顯行為也會有所差異。**

那麼睪酮素還會對兒子大腦造成何種影響呢？長期研究男女大腦差異的英國安妮‧莫伊爾和大衛‧傑西爾觀察在女性身上注射睪酮素後所產生的變化，藉以了解睪酮素如何改變行為。結果顯示，睪酮素在女性大腦中流動，女性無論發生什麼事都想立刻且迅速處理，甚至

為了解決問題不惜做出危險行為。要女性在雖然辛苦但能迅速簡單處理事情的方法，以及處理事情會花較多時間但比較省力的方法中擇一時，她們會認為即便身體辛苦也緊張，但專注地把事情處理完再休息的方法更好。

實際上，進行感覺實驗時，男性雖然比女性更能忍耐劇烈痛苦，但無法在長時間忍受痛苦的狀況中久撐；相反地，女性雖然無法承受劇烈痛苦，但要長時間忍受痛苦時，卻非常能撐。**結論是兒子大腦是受到睪酮素影響，才會出現攻擊性且急躁的行為。**

# 不要亂動，拜託！

兒子大腦擁有的特徵會在非常年幼時透過行為表現出來。大腦處理並控制人類的一切行為、思考及情緒，因此兒子大腦所擁有的特徵，包含胼胝體小、下視丘大、會分泌睪酮素等，都會透過行為表現出來。

## 兒子需要更寬敞的空間

「喂！到這邊都是我的地盤！」

「這些都是我的！」

這是在幼兒園很常見的光景，看到這些情況，我們經常會說「小男生嘛，沒辦法」；或者有些嚴謹的人會批判父母，沒有把小孩教養好。

當然，這可能也是父母過度溺愛孩子會出現的行為之一，但與教養態度無關，大部分的兒子都會出現這種行為。這與他們更喜歡寬敞

空間，擅長處理立體空間能力的右腦發達有關。或許也是因為這樣，如果不讓他們出去外面，要在狹窄空間久待的話，兒子會把家裡弄得亂七八糟。因為右腦發達所擁有的寬敞視野，比起細心整理，他們更常把整個家弄亂。喜歡寬敞空間不只是因為右腦發達，睪酮素也助了一臂之力。睪酮素基本上負責能量與攻擊性，所以希望各位知道，把分泌睪酮素的兒子關在家裡，會讓睪酮素的攻擊性變得更嚴重。

# 與「人」相比更喜歡「事物」

在以嬰幼兒為對象的視覺實驗中，女孩子有更長時間盯著人臉看的傾向，但男孩子更常盯著床鈴或玩具看。相對於「人」，兒子更喜歡「事物」的原因也是受睪酮素影響。

美國達拉斯大學約翰・桑特洛克（John Santrock）教授為了治療因頻繁流產而痛苦的產婦，對女性注射了睪酮素。桑特洛克教授檢查出生嬰兒的健康狀態，進行持續性的追蹤，並發現有趣的結果：在孕期中施打睪酮素而出生的女孩子相較於其他孩子有更高的活動性，喜歡槍、車等玩具，對外表也比較沒有興趣。而施打睪酮素所出生的男孩子果然也更加散漫、具攻擊性，喜歡事物，而且更享受粗暴的遊戲。

──────────( 重點摘要 )──────────

- 兒子大腦受到睪酮素影響，行為表現與女性截然不同，這種差異會在非常年幼時顯現。
- 幼兒期的兒子想要寬敞的空間，相對於「人」，更喜歡「事物」。

# 跟染色體有關，男孩比女孩更加脆弱！

有兒子的父母大部分都會有「因為是兒子要教得更堅強一點！」的強烈思考傾向，但實際上是怎麼樣呢？

從遺傳學觀點來看，兒子是比女兒更脆弱的存在。在卵子和精子結合的瞬間，兒子生存下來並出生的可能性，比女兒低很多。除此之外，受遺傳疾病或精神缺陷所苦的狀況也是兒子比女兒高出三倍，為什麼呢？

原因出自於性染色體，男性的性染色體是 XY，女性的性染色體是 XX，所以男性的性染色體會比女性更容易出現遺傳缺陷。如果有某個極高機率會罹患某種疾病的基因在 X 染色體內，女性還有另一條 X 染色體能取代之；但男性的 X 或 Y 染色體中，只要有一個可能罹患某種疾病風險的基因存在，容易因為沒有其他能取代的健康染色體而發病。

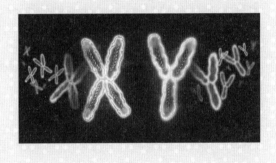

因為這類影響所出現的疾病，例如自閉症、注意力不足、過動症等，出現在男孩子身上的機率也高出女孩子三倍之多。

# 依附的重要性

　　假設有個因為跌倒而哭泣的孩子，如果是女兒，父母會對哭泣的孩子做出什麼反應呢？大都會摟著孩子安撫她直到平靜下來吧？但如果是兒子，父母又會是什麼反應呢？會做出跟對待女兒相同的反應和行為嗎？

　　我想大多數養兒子的媽媽都會是這種反應吧：

「要成為男人，堅強地站起來啊！」
「男子漢怎麼能因為這種小事哭？快起來！」

　　有許多父母認為兒子就該堅強，不能輕易掉眼淚。會在養育及教導兒子的過程中，排除自身的感情，或盡可能不表現出對兒子的疼愛。但試想，哭泣的兒子也只是一個孩子，只是一張從沒學過男孩該怎麼做、該有什麼想法的白紙，是個尚未成熟的存在。兒子也和女兒一樣希望被關愛與照顧，男孩與女孩都是必要的。特別是父母與子女之間，形成親密感與情緒的依附現象，強烈的紐帶關係是不分性別

的。**孩子出生到世界上第一個人際關係的對象就是父母，第一個人際關係建立的好壞，會影響他這輩子如何與他人建立關係。**

## 布媽媽與鐵絲媽媽

那依附關係是如何形成呢？因為孩子沒有自力更生的能力與力量，需要其他人的幫助，當肚子餓、尿布濕了覺得不舒服、想睡覺的時候等等，孩子表現求助的方式就是哭泣。那麼父母就必須去了解孩子的需求，讓他們停止哭泣。孩子的問題獲得解決後，就會向父母露出微笑，掛在父母身上或讓父母抱著，露出一臉安心的表情。孩子因為與父母的交流獲得安慰，會表現出喜悅或悲傷等情緒。經過這種過程會讓孩子與父母之間形成依附，**雖然多半會覺得這類型的依附是後天形成的，但依據動物行為學家的見解來看，這是先天就在我們基因裡的模組化行為。**

研究依附關係的代表學者鮑比（John Bowlby）既是醫師，也進行精神分析治療。他發現在育幼院長大的孩子無法與其他人親密相處，也無法同理共情其他人，會在精神層面表現出不安定。鮑比長時間觀察孩子並為他們治療，致力於了解孩子遭遇的問題成因。他研究出孩子在甫出生時，沒有機會與父母建立情感上的關係，進而導致他們無法產生精神上的依附。被送進育幼院的孩子越小，這類問題會越嚴重。**不管提供再好的飲食與舒適的環境，如果沒有能建立親密相處並足以產生親密依附關係的持續而穩定的照顧者，就會發生情緒性的問題。**

實際上，美國威斯康辛大學的哈里・哈洛（Harry Harlow）教授也證明了此項研究。他將母猴與幼猴隔離，做了兩個猴子娃娃，一個

是用柔軟的布包覆的「布媽媽」，另一個是用鐵絲纏繞的「鐵絲媽媽」；接著他在娃娃身上綁著奶瓶，讓幼猴喝奶。驚人的是，無論是哪一隻幼猴都更喜歡布媽媽，甚至把布媽媽和奶瓶分開後，幼猴也會掛在布媽媽身上，去咬鐵絲媽媽身上的奶瓶喝奶，並且只有喝奶時間會靠近鐵絲媽媽，其他時候都掛在布媽媽身上。

播放陌生或可怕的聲音，或展示其他物品時，幼猴會逃到布媽媽身邊，直到牠的恐懼消失為止，都不會輕易離開。有趣的是，只和鐵絲媽媽相處的幼猴即使在感受到可怕的情境時，也不會掛在鐵絲媽媽身上。

從這個猴子實驗中，我們必須要牢記一件事，那就是孩子與母親的溫柔接觸比提供溫飽更重要。在沒有受過任何訓練的前提下，實驗結果顯示：幼猴如果把飢餓看得更重要，那牠就不可能離開鐵絲媽媽；然而，幼猴的確更喜歡溫暖柔軟的布媽媽。

幼猴都這樣了，更不要說是人類了。孩子呱呱墜地後建立的第一個人際關係就是父母，父母照顧、擁抱及疼愛著不成熟又年幼的自己，孩子也只能依賴並依附父母。在這種保護下，孩子的心情獲得平靜與穩定，就會沒有恐懼，身為父母的我們必須要給予疼愛與關懷，建立如此親密的依附關係。


## 依附關係 越親密越聰明

會用這麼長的篇幅說明依附關係，是因為依附對大腦的影響非常巨大。**孩子藉由與父母的親密依附，獲得最大好處的就是大腦。父母撫摸孩子的肢體接觸會全然傳遞到大腦，除了給予精神安定，也對增**

**進記憶力有直接影響。**

日本京都大學明和政子教授證明了此項論點，她在孩子頭上戴上類似帽子的裝置，測量給予孩子不同刺激時，腦波與腦內活性有何變化。**媽媽的撫摸會讓孩子大腦全區都有活潑活性的反應，也就是提供觸覺刺激。**孩子與媽媽的依附行為出現時，掌管語言能力的顳葉、負責運動能力的頂葉，以及發生情緒的邊緣系統等，大腦全區都有很明顯的活躍。

另外還有依附行為會影響語言發達的研究，康乃爾大學麥可·戈爾斯坦（Michael Goldstein）博士發現孩子還在牙牙學語時，媽媽只做出相同的語言反應，以及一邊撫摸孩子打招呼的差異。當媽媽只做出語言反應時，孩子們會在十分鐘內發出二十五次聲音；而在媽媽做出撫摸或是擁抱等行為時，會出現高達五十五次的聲音反應，這也是明白指出媽媽與孩子的依附關係對於語言發育有何影響的研究。

**為了讓相較於女兒，語言發展速度明顯遲緩的兒子大腦擁有更好的語言能力，需要從小就多抱抱兒子，撫摸他們的依附行為。**

接觸肌膚這類的行為之所以能促進大腦發育的原因是什麼呢？我們皮膚上有觸覺神經纖維，皮膚受到刺激的狀態會直接傳到大腦，大腦下視丘會分泌腦內啡，腦垂腺分泌催產素，這些神經傳導物質都是能讓心情平靜，並感到幸福的角色。透過與父母的親密肢體接觸，就能在心情上感到平和。

孩子在媽媽撫摸時，心情會因而平靜並感到幸福，所以才會一直要找媽媽。**此時孩子與媽媽的肢體接觸就不再是單純的接觸，而會變成舒適接觸（Contact Comfort）。換句話說，就是透過與媽媽的直接接觸，讓心情平靜並獲得慰藉。**

如果想讓兒子的大腦具備語言能力和記憶力，就需要所謂的舒適接

觸。比起說著「男孩子就該堅強」、「男孩子不能感情用事」這些話，或給予比女兒更少的肢體接觸及擁抱，父母應該要多多撫摸兒子，提供舒適接觸，讓他們心情安定，並以此為基礎，幫助他們的智力發展，這才是父母最重要的任務。

───────（ 重點摘要 ）───────

· 兒子與父母培養親密且親愛的關係稱為依附，依附關係越穩固的兒子，在情緒、認知發育方面都更加順利。
· 父母的「舒適接觸」，建立親密的依附關係，能讓兒子情緒穩定，讓負責記憶的海馬迴更加發達，提升語言能力。

# 我跟兒子屬於哪一種依附類型？

兒子與媽媽在互動過程會形成依附關係，而依附也有不同類型。首次揭露這項論點的美國心理學家愛因斯沃斯（Mary Ainsworth）介紹了四種依附類型。藉由兒子的行為來思考看看，兒子與媽媽之間是屬於何種依附類型吧。

## 一、安全感型依附

1. 是非常健康的依附類型，在陌生環境中，只要媽媽在身邊，也能輕易與媽媽分開，開始探索周遭。
2. 陌生人出現時會出現不安神色，對媽媽會出現比對陌生人更明確且肯定的反應與興趣。
3. 媽媽出門回來後，會開心迎接並感到安心。之後也會透過與媽媽擁抱等肢體接觸獲得安心感。

## 二、逃避型依附

1. 不管媽媽是否在身邊，看起來都沒有差異。與媽媽幾乎沒有任何接觸，也不會觀察媽媽是否在附近。獨處時，就算身邊有陌生人，也不會顯得特別不安。
2. 媽媽出門回來時，不會有太大反應或興趣。
3. 如果媽媽想靠近自己，會將身體閃到另一側迴避。

## 三、抗拒型依附

1. 在陌生場所中，就算和媽媽在一起，也會展現出高強度的不安，即使看

到有趣的玩具也不會嘗試探索。

2. 和同齡朋友相比，較易怒，會努力不與媽媽分開，但行為消極。

3. 如果媽媽不在，會出現嚴重的不安症狀，有時會哭、發怒、試圖伸腳踢陌生人或趴在地上哇哇大哭。

4. 媽媽出門回來時，就算被媽媽抱著也難以平靜，會出現憤怒、試圖打媽媽或推開媽媽的雙面性。會更加避免離開媽媽身邊，對玩具沒有興趣。

## 四、混亂型依附

1. 屬於逃避型依附與抗拒型依附的結合，但不完全屬於逃避或抗拒型其中一方。

2. 在陌生環境會變得極度不安，媽媽暫時消失又回來時，會同時或接連出現完全相反的行為。例如會在表現出極大憤怒後突然開始迴避媽媽或變得冷淡，又或者是突然一臉僵掉看著媽媽，被媽媽抱了也毫無反應。

　　除了「安全感型依附」以外，其他三種依附類型都可算是不穩定的依附，那麼依附類型是怎麼形成的？**依附類型根據媽媽與兒子相互影響的品質所形成，也會受兒子本身的氣質與媽媽的教養態度影響。**

　　最重要的是，一旦形成某種依附類型就很難輕易改變，甚至會傳給下一代。在上個世代的媽媽與子女，也就是奶奶與媽媽之間形成的依附類型，可能會影響這一代媽媽與兒子的依附類型。

　　**兒子如果無法對媽媽產生安全感型依附，以後兒子為人父母時，就會依照自己所學，重複對子女做出相同的行為反應。**所以，如果是受父母虐待或在父母的冷漠中長大的兒子，可能會依照自己形成的依附類型，用同樣的方式對待自己的孩子。

# 媽媽對兒子
# 為什麼都比較大聲？

　　我和結婚前很常見面聊天的後輩在睽違七、八年後重新見面，大家都因結婚、育兒、職場生活，忙得沒有時間聯繫彼此。但可能是因為很久不見，我覺得後輩看起來很不一樣，變得有點攻擊性，已不是能用豪爽來形容的程度，聊天時的手勢和肢體動作也變得大了一點，最大的不同是聲音，以前後輩的音調多少讓人覺得有點慵懶，但現在的聲音卻高了好幾度。

　　「喂，你跟以前差很多，幹嘛說話這麼大聲？」
　　「我每天都這樣生活啊，有兒子的媽媽肯定會這樣。」

　　照顧兩個只差一歲的兒子，聲音會跟著變大是件理所當然的事嗎？一般來說，媽媽總會比爸爸付出更多的時間和努力來養育孩子。媽媽和兒子相處的時間更多，也會出現更多摩擦，所以媽媽也會隨著兒子的氣質和個性產生改變。既然如此，有兒子的媽媽講話會變得比較大聲的具體原因又是什麼呢？

**第二部** 幼兒期兒子的大腦管理

# 兒子不是「故意」不聽話

　　媽媽很常因為兒子的行為而感到慌張，兒子也很常做出讓媽媽實在無法理解的行為。兒子這麼小就開始讓媽媽感到慌張，是因為媽媽擁有女性腦、兒子擁有男性腦的關係。雖然可能也有「小孩子都一樣，哪有差到哪裡去」的想法，但從媽媽的立場來看，有很多無法理解兒子行為的狀況也是事實。

　　情侶和夫妻之間會吵架的原因之一是「男朋友或老公都不聽女朋友或老婆的話」，讓人覺得對方沒有認真聽自己在講話，或是不記得剛剛講過的話，進而讓女友或老婆產生「你是在無視我說的話嗎？」的想法，這套用在媽媽和兒子身上也是成立的。

　　媽媽就算跟兒子反覆講過多少次一樣的話，兒子依然動也不動，或是叫他很多次都沒有回應時，媽媽的聲音自然會越來越大，最後就會氣得大吼大叫。丈夫與妻子，男友與女友，兒子與媽媽，都會因為一樣的原因而吵架，而那個原因就只有一個！就是「男生都不好好聽我說話」。

　　學者莎莉・沙維茲（Sally Shaywitz）研究語言能力與男女性大腦的差異。她試圖了解根據語言報告的不同，男女性大腦的使用程度及活化程度。如果是要尋找文章中的單字意義，男女性大腦的活化程度沒有差異，但在聽人家說話並從中找出意義的活動時，男性只有單邊腦活化，女性則是兩腦同時活化。**也就是說，男生在聽其他人講話時，只用單邊腦去聆聽、理解和記憶，但女生在聽其他人說話時，是兩腦並用的聆聽、理解和記憶。**只用單邊耳朵的人和雙耳並用的人之中，誰會聽到更多呢？當然是雙耳並用的女生了。

這也能套用在媽媽和兒子身上，兒子只用單邊腦去聆聽和理解他人說的話，所以只能聽到媽媽說話的一半內容。在兒子專注於玩耍時，甚至還會連那單邊腦都沒有好好作用，這種現象在兒子小時候就能輕易觀察到。

「為什麼媽媽叫你，你都不回答？」

「媽媽不是叫你快點做這個嗎！都不把我的話當一回事嗎？」

但請不要誤會，兒子絕對不是因為無視媽媽才會這樣，他們不是聽見了還裝沒聽到。只是因為兒子大腦從小時候開始，對於人們的話語或聲音，只用單邊耳朵和單邊腦在聽，才會沒辦法完全聽見媽媽說的話。

另外，我們關注在發展心理學中，甫出生不到幾個小時的男女嬰兒的差異。女嬰對於聲音非常敏感，特別是聽到表現出痛苦或不方便的聲音時，會出現不知所措的反應，但讓男嬰聽一樣的聲音時，他們幾乎是沒有反應。

但有人教過我們這種差異嗎？應該沒有。擁有男性腦的兒子只是比擁有女性腦的媽媽對聲音更加遲鈍，是出生時就對媽媽的情感感到比較遲鈍罷了。


## 不開口的兒子讓媽媽操透了心

媽媽有各式各樣因為兒子感到鬱悶的狀況，其中最讓人焦心甚至鬱悶的狀況，通常都是兒子不說話的時候。

了解幾個針對嬰幼兒感覺發育的研究，會發現女孩子從一出生就對和其他人對視及溝通的事更有興趣。測量大人們不發一語盯著出生二到四天的新生兒，以及大人看著他們並搭配說話時，新生兒感到有興趣的反應時間，發現女孩子盯著有說話的大人的時間，比大人不發一語盯著看的時間更長。

　　雖然比起女孩子，男孩子盯著看大人人臉的時間是顯著較短，但有趣的是，不管大人說不說話，兩個時間是沒有差異的。這就是男孩子比起聽，更將焦點放在「看」並且專注。此外，男孩子盯著人看的時間比女孩子更短，也表示男孩子對人的關心較少。

　　用進化觀點研究人類情感的珍妮佛・詹姆斯（Jennifer James），透過有關展示混雜好幾種情緒的人臉照片，以及告知有很多人糾葛且發生情感對立狀況的故事時，研究男女性會有何種差異。

　　**在處理複雜且雙面情感和包含很多種人類情緒的刺激時，平均而言，男性要比女性多花七小時，這表示男性對於處理他人複雜且多樣的情緒感到生疏和困難。這也是男性腦特色之一，受到胼胝體較窄的影響。所以他們從小就會對於媽媽比較情緒化的反應、媽媽的問題、年紀相仿的女孩子的反應感到壓力，於是選擇閉嘴不說話。**

　　「你到底為什麼要這樣？」
　　「你生氣了嗎？」
　　「有什麼心情不好的事嗎？」
　　「快說啊，媽媽在等你。」

　　上述這些提問，會讓因為無法理解情緒而不知所措的兒子大腦變得更加混亂。

chapter
05

# 不用大聲說話
# 的對話方式

有了兩個兒子的朋友某天這麼說。

「如果要叫三個兒子做什麼，都一定要大聲喊才行！」

「為什麼是三個兒子？兩個吧。」

「還有個最大的兒子啊，是我老公！」

我聽完這句話笑好久，兩個兒子加上丈夫，總共有三位男性，看來不跟他們大聲說話真的是件難事。丈夫畢竟是大人了，就先放在一邊不談，但真的沒有能讓媽媽不用對兒子大聲嚷嚷，或同樣的話不用一再重複的辦法嗎？看著緊閉嘴唇一語不發或不斷反抗媽媽的話的兒子，時常心急如焚的媽媽究竟需要什麼呢？

## 視覺比聽覺刺激成效高

兒子在房裡玩耍時，如果媽媽在廚房裡叫兒子或吩咐跑腿，兒子

十之八九都不會一次就聽懂，因為兒子的大腦無法只專注於聲音。

**但兒子大腦對於視覺的感受很強大，所以比起只用聲音，搭配圖畫、圖案等視覺一起呈現並說話時，他們會更容易專注，也更快聽懂。**

為了證明，先來看看以動物為對象的實驗研究。耶基斯國家靈長類研究中心以猴子為對象，進行了解公猴與母猴發展差異的研究。公猴從非常小的時候就喜歡有輪子的卡車玩具。對於這種特殊選擇，美國杜克大學神經科學系克莉絲蒂娜・威廉斯（Kristina Williams）教授表示，公猴相較於其他刺激，能對持續轉動的輪子維持較長時間的注意力，且會斬斷外部傳來的其他刺激。其他玩具都是維持不動的靜止狀態，會動的輪子更吸引視覺皮質更加發達的公猴。

這種特徵不只出現在公猴身上，也同樣適用於人類。剛開始學走路的男童也會在玩具車的輪子轉動時，完全被吸引。

埃默里大學（Emory University）史蒂芬・哈曼（Stephan Hamann）博士透過腦科學實驗驗證，視覺刺激對兒子大腦所出現的特徵，即使在他們長大成人也會持續。他把具有視覺魅力的異性照片分別給男女性看，並拍攝他們大腦的活化程度，發現男性大腦比女性大腦的活化程度更高，特別是情緒中樞的杏仁核，和感受並產生欲望的視丘和下視丘反應相當劇烈。**這可說明男性比女性更容易對視覺刺激產生情緒性反應，相反地，在聽到聽覺刺激，也就是聲音時，男性的大腦就沒有太大反應。**

這些研究結果都顯示兒子比起聲音更需要視覺刺激，所以媽媽如果要跟兒子說話，不要在看不見的地方喊，要在兒子面前說，最好還要盡量對視說話。邊看著媽媽說話的樣子邊聽，兒子大腦的視覺皮質會一起啟動，也更容易理解媽媽要說什麼。

**所以，必須注意的是，媽媽說的話不能太長。**一旦說太長，疏於

處理聽覺刺激的兒子大腦就會開始無法理解媽媽在說什麼。如果有話要跟兒子說，盡可能看著兒子的眼睛，簡短且明確說完會更好。

# 百「聞」不如一「見」

在與兒子說明或教導學習時，要盡量刺激他的視覺皮質，因為兒子大腦很難理解及記得只用說的內容，所以兒子大腦更需要的是在眼前直接看到及可以伸手觸摸的體驗學習，譬如博物館。但就算去了可以體驗學習的博物館，也有必須記得的重點，就是要在兒子大腦完全沉迷於視覺刺激前，盡快進行說明或把話說完。

一般來說，去體驗學習或博物館時，女兒都會安靜聽從說明與指示行動，但兒子會完全沉迷於眼前事物，不管在旁邊講什麼都是左耳進、右耳出。女兒大腦可以同時處理視覺與聽覺刺激，但兒子大腦只要沉迷於視覺刺激，就不會對聽覺刺激有反應，因為他的胼胝體很窄，**所以要在兒子大腦暴露於視覺刺激之前進行簡短說明，就是他看到那是什麼東西之前聽到說明與視覺刺激連結時，兒子大腦就會活化並記住這個東西。**

# 從小建立親子溝通的模式

看到一臉呆滯又不發一語的兒子，站在父母的立場，真的是鬱悶又說不出口，甚至會出現「又不能揍這個小不點……」的念頭想辦法平復自己的心情。一開始還會溫柔安撫兒子問有什麼事或心情如何，

但卻常會面臨同樣的沉默不語。最後是媽媽會產生自己被無視的感覺，接著開始怒吼。

「喂！你沒聽到媽媽說的話嗎？」

有女兒的媽媽是很難理解這種狀況的，因為當女兒露出有點不開心的表情時，媽媽只要稍微表示關心或問一句話，她們就會自己侃侃而談，發生什麼事、誰讓自己傷心了等等，女兒會自己滔滔不絕說出媽媽好奇的事。

這種狀況當然也是大腦差異造成的，能了解狀況和人之間產生的情緒，也能運用語言理解並加以表達的女兒，與擁有分開理解情緒及語言的兒子大腦，這是非常關鍵的差異，而討厭這種兒子大腦的媽媽最常做的行為就是催促。

**但對於不發一語的兒子而言，他們所需要的其實是等待**，要允許他們如果不想說，不講也沒關係。也可以採取跟他們約好，等心情好一點一定要跟媽媽說的方式。

要從幼兒期開始形成讓兒子能對媽媽敞開心房的親子互動模式，如此一來，兒子才能在兒童期及青少年期，也把媽媽當成自己的支持者。

兒子如果對於表達自己的情緒和心情感到困難，也可以讓他們把情緒轉移到平常愛玩的玩具，並將它轉化成故事也是方法之一，也就是所謂的角色扮演。「玩具朋友今天好像也遇到辛苦的事了，要不要跟他們聊聊發生了什麼事呢？」只要說這句話並把玩具交給兒子，然後耐心等待，就有可能打開孩子的話匣子。

- 兒子大腦只使用單邊腦處理語言，所以很難專注於他人說的話。
- 兒子大腦的胼胝體較窄，所以他們難以表達自身情緒。
- 如果有話要對兒子說，盡量近距離並看著彼此說話。
- 兒子的視覺認知能力較佳，若能活用體驗學習或博物館會更有成效。

# 吃就是力量

　　幼兒期攝取的飲食非常重要，因為這是大腦發育最活躍的時期，所以也更需要提供大腦優良的養分及能量。就像給汽車添加燃料一樣，就算是一輛裝了馬力十足的引擎的帥氣汽車，如果用了不好的汽油又有什麼用？

　　人類的大腦也一樣，雖然它只佔人體的 1.4 公斤，但大腦控制我們身體的一切，還會進行思考及感受情緒，是非常重要的存在，甚至說它是人類的本體也不為過。所以，雖然大腦只佔人類體重的 2%，但它會使用 20% 我們一天攝取的食物及吸入的氧氣，為了大腦正在發育的幼兒期兒子，一定要讓他們攝取優質飲食。

　　幼兒期的兒子大腦需要的不只是飲食，還有遊戲、肢體接觸等，十分多樣。**補給能成為兒子大腦突觸材料的食物，奠定變聰明的基礎，跟爸媽一起嘻嘻哈哈地笑著跑跳玩耍，也能促進大腦發育，並透過肢體接觸穩定情緒，讓心情平靜下來，有助於分泌幫助專注的神經傳導物質。**

# 幼兒大腦發育三大營養素

那麼，幼兒期兒子大腦所需要的飲食是什麼呢？答案十分簡單明瞭，就是「均衡」。**說得更具體一點，就是攝取碳水化合物、脂肪、蛋白質等三大營養素，以及無機化合物、維他命以及水等三副營養素。**

三大營養素不只是讓大腦運作的能量源，同時也是形成突觸的材料，所以十分重要。再加上又是大腦正在發育，發展連結腦細胞突觸的時期，幼兒期的優質飲食真的扮演非常重要的角色。在這麼關鍵的時刻，如果沒有好好提供養分，大腦發育會難以正常進行。更致命的是，此時所產生的問題是很難被修補的。

大腦發育最旺盛的關鍵期通常是指幼兒期，若沒有在此時補給所需養分，大腦就會進入難以發育的狀態。**腦細胞與身體其他器官的細胞不同，只要受過一次損傷，就無法完全復原，所以必須更加留意。**

那麼，幼兒期所需要的三大營養素分別扮演何種角色及功能呢？首先來看碳水化合物，**碳水化合物成分中的最小單位單醣被作為大腦的能量源使用。**也就是說當米飯、麵包、馬鈴薯等食物經過消化及分解後，以最小型態留下的單醣會提供給大腦，並成為能量。吃早餐之所以重要，就是因為這點。大腦在睡眠期間持續活動並使用能量，如果不替徹夜把能量用光的大腦補充新能量，大腦就會處於極度飢餓的狀態，無法再做任何事情。

幼兒除了醒著的時候，即使在睡覺做夢，大腦也會持續使用能量，所以必須持續補充充足的葡萄糖。不管吃多少肉類或海鮮，如果沒有讓年幼的兒子補充足夠的葡萄糖，兒子大腦會伴隨虛弱、疲勞、脫水等現象，並可能產生情緒上的不安定。

研究智力較高的人類大腦會發現，連接腦細胞的突觸是非常複雜的，這同時也是形成能更多元活用大腦網絡的證據。**生成這些腦細胞網絡的材料就是蛋白質，攝取海鮮、肉類、雞蛋、牛奶及豆腐等蛋白質食品，會分解為組成身體的成分，以及蛋白質的基本單位胺基酸，當胺基酸傳到大腦，就會開始使用胺基酸生成新的腦細胞網絡。**

傳往大腦的胺基酸不只是形成神經網絡的材料，也能生成神經傳導物質。腦細胞之間交換情報時，由名為神經傳導物質的化學物質負責傳遞，也會對心情轉換及分泌荷爾蒙產生影響，因此，**如果蛋白質不足，除了造成大腦發育的阻礙，也會難以讓心情維持在平穩且正向的狀態。**

最後，脂肪雖然常在肥胖等成人病時被提到，老是被當成不好的營養素，但其實它是形成大腦最重要的成分。我們大腦有 60% 都由脂肪組成，在身體所有器官中，大腦是含有最多脂肪的器官，特別是為了協助腦細胞更快速傳遞情報的髓鞘成長，脂肪也是不可或缺的。

但也不是所有脂肪都對兒子的大腦有益，**兒子大腦需要的是能在體內良好作用的不飽和脂肪酸，比起活化，更接近促進腦細胞生成的功能。**富含 Omega-3 脂肪酸的深海魚及牛奶等乳製品、雞蛋、堅果類等不飽和脂肪酸代表性食品都算在內，讓大腦正在積極發育成長的兒子均衡攝取必備的三大營養素，是父母最重要的課題。


# 不可忽視的三副營養素

三副營養素是指無機化合物、維他命和水。雖然不是大腦的組成成分，但如果缺少這三副營養素，不只大腦，連身體都會進入緊急狀態。

首先，**三副營養素負責傳遞讓大腦運作所需的原料氧氣以及食物養分**。舉例來說，蛋白質成分胺基酸傳到大腦後，提升大腦的認知功能，形成能調整心情的神經傳導物質，此時若沒有維他命作為**觸媒劑**的角色，在轉換為神經傳導物質時會遇到阻礙。

為了成長中的幼兒期兒子的身體好，三副營養素也是必備的。包含在無機化合物內的鈣質在人體佔了最大比例，因為它會形成人類的骨骼與牙齒。如果缺少鈣質，除了生長遲滯，骨骼與牙齒的品質也會下降，腿也會變形為 O 或 X 型。此時必須注意的是，**磷會干擾人體吸收鈣質，在漢堡、披薩、泡麵、清涼飲料等速食與加工食品中含有大量的磷，所以要盡量避免此類食品。**

此外，維他命在我們體內扮演著火種的角色。不管有再好的柴火，如果少了火種就無法順利生火；就算獲得再多再好的養分，如果沒有維他命，就無法順利吸收這些養分。**特別是維他命 D 有助於鈣質吸收，如果缺少了它，骨骼就會不夠強健而鬆軟，骨骼型態也可能變形。**陽光含有大量的維他命 D，所以白天出去做日光浴或散步是很重要的。

水是維持生命最重要的三副營養素，人就算不進食，只喝水也能維持三十到四十天的生命，但如果不喝水，在五到十天內就會死亡。特別是嬰兒及幼兒體內有 75% 都由水組成，所以水分攝取更顯重要。如果缺水，體溫調節就會出問題，營養素及荷爾蒙等物質也無法順利傳遞到身體各角落，所以喝足量的水十分重要。

# 兒童肥胖對身體的負面影響

最近有更多人關注兒童肥胖的問題，很多人認為「抽高就會變瘦」，但有 87% 的兒童肥胖是會引發併發症的嚴重疾病。

兒童肥胖比成人肥胖更嚴重的原因在於所謂的第二型肥胖，成人肥胖是因為脂肪細胞變大，只要透過運動或調整飲食就能減輕體重；**但兒童肥胖是脂肪細胞增加所造成，要把已經生成的脂肪細胞數量減少是非常困難的事。**

兒童肥胖的成因通常都來自於暴飲暴食，如果是吃得不多但肥胖，就是活動量太少。最重要的關鍵在於吃下什麼，肥胖兒童的共通點都是從很小的時候開始就吃了太多過甜的點心。另一個原因是大部分的人進食過程都不夠健康，肥胖的孩子不會細嚼慢嚥，通常都會隨便咀嚼幾下就吞下肚。此外，還有從小就攝取過多低營養、高熱量的食品，也就是所謂的垃圾食物、速食等。

兒童肥胖也可能對大腦造成致命性影響，**在肥胖狀態下常常發生低血糖症，對於形成負責學習和記憶的大腦神經傳導物質乙醯膽鹼（Acetylcholine）造成妨礙，進而對大腦發育形成負面影響。**

# 睡眠才是良藥

在大腦積極發育的幼兒期時，和飲食一樣重要的還有睡眠。其實在睡眠過程中，大腦是持續運作的，算是回顧清醒時所看到、聽到、感受到及接收到的所有東西，並把它們整理收好。這樣之後才能更容易把學會的內容提取運用，隔天才能不抗拒地接收新接觸的內容。

原本在媽媽腹中過得安安穩穩，但一出生就開始接收各式各樣刺激的兒子大腦過得非常忙碌，因此，大腦也容易感到疲勞。為了適應與媽媽腹中截然不同的環境，他們需要更多的睡眠。

## 深度睡眠 增進大腦的發育

想像一下，在拉起窗簾，一片黑暗的房內關一週再出來會是什麼感覺？刺眼的陽光、各種噪音、食物的味道等一擁而上會是什麼感覺？應該是很難好好打起精神，原本在媽媽腹中，第一次來到世界上的孩子應該也有這種類似的感覺吧！

一下子面臨這麼多的刺激，大腦也以驚人速度開始發育，隨著突觸的高速生成，大腦結構也變得更加精密。大腦會開始進行思考和記憶，特別是在出生後二到三年間，大腦會以一生中最快的速度發育，並形成腦細胞連結網絡，也就更容易感受到疲勞、想睡。

　　新生兒一般都要睡十三至十八個小時，在出生後二到三年內也平均要睡十二個小時，大腦才能擁有應該要有的功能。此時的睡覺不只是睡覺，而是品質良好的睡眠，也就是深度睡眠。

　　深度睡眠是快速動眼期（Rapid Eyes Movement）睡眠的別稱，這是當進入深度睡眠，眼皮下方的眼球會快速轉動的特色而取名。在深度睡眠的狀態下，身體雖然完全放鬆，但大腦會一邊做夢，一邊整理前一天學到的內容。如果把睡眠中但眼球正在快速轉動的人叫醒，他們都會清晰記得夢境內容。

　　但也不是整個睡眠過程都是所謂的深度睡眠，一般來說，成人如果睡八小時，大概會經歷四至五次的深度睡眠，會持續短則二十分鐘、長則一小時的時間，中間會以幾段淺眠維持在睡眠狀態。在淺眠狀態中，會容易因為細微的聲音而醒來。

　　深度睡眠對人類的專注力與學習能力有很大的影響，因為它能幫助整理前一天看到聽到學到的內容，讓情緒平穩下來，讓隔天能更容易學習新事物。如果沒有良好的深度睡眠，注意力容易不集中，心情也會變得不安。臨時抱佛腳熬夜讀書卻沒有獲得理想成績，也是因為沒有深度睡眠的緣故。

　　統整英國醫學期刊中有關睡眠的研究，睡眠不規律且沒有深度睡眠的孩子，在閱讀能力、數理能力、空間感能力等都比有好好睡覺的孩子明顯低落。此外，美國和加拿大的幼兒睡眠研究中也顯示，未滿三歲但睡眠時間未達十小時的小孩多為注意力障礙所苦，語言學習能

力及閱讀能力等也都相對低落。

　　相反地，韓國最近正在進行非常有趣的研究，依據首爾大學醫學院研究團隊的分析，睡眠充足的男童比睡眠不足的男童智商更高。針對滿六歲的 538 位兒童進行調查，**相較於一天平均睡眠時間八小時以下的男童，平均睡眠時間達十小時以上的男童平均智商高出十分**，語言理解能力也較高。

　　此外，日本東北大學腦科學研究團隊從 2008 年開始，針對 290 位五到十八歲的幼兒、兒童及青少年，進行為期四年的睡眠時間與記憶裝置海馬迴發育狀況調查。結果顯示，睡眠時間達十小時的孩子相較於沒睡這麼多的孩子，海馬迴的體積大了 10%。兒童或青少年也是相同狀況，有睡足符合自身年紀應該達到的睡眠時間的孩子，他們的海馬迴都比睡眠不足的孩子更大。

　　海馬迴位於情緒大腦的邊緣系統，會過濾進入大腦的極大量資訊，並負責連結理性腦的大腦皮質。也就是說，因為有海馬迴，我們才能記住那些學習內容，海馬迴比較大就表示，能記住的內容也變多了。

　　從結論來看，**三歲以前的睡眠會對往後的人生產生極大影響**，也可說是非常強力的營養素。


## 從小就要培養睡眠習慣

　　一般來說，氣質較活潑好動的兒子就算還只是幼兒，他們也比內向安靜的兒子睡得更少。活潑的兒子玩得不亦樂乎才突然精疲力盡斷電也是常有的事，因此，不管兒子玩得再開心，也要教他們必須在適當時間休息，畢竟幼兒還不知道該怎麼控制自己的身體狀態。

一般來說，三歲前約需十一到十二小時、三到七歲需要十小時的睡眠時間，在五到六歲左右，讓他們睡個短暫的午覺也有助於大腦發育。

　　幼兒也會有睡眠問題，必須精準了解並培養正確的睡眠習慣，才不會讓兒子大腦發育產生問題。睡眠問題大部分都是睡到一半就醒來哭鬧，然後不再繼續睡覺。最根本的解方就是把造成問題的狀況排除，就像吃飯要在餐桌上吃一樣，養成在相同地方睡覺的習慣為宜。如此一來，只要進到睡覺的地方，就會產生「該睡覺了」的想法與行為。雖然一開始兒子可能會因為不願睡覺，老是起來坐著，但把房間弄得暗暗的，打造出安穩的氛圍，媽媽再躺在孩子身旁，孩子就會慢慢學到現在是必須睡覺的時間。

　　當然，睡眠習慣不可能一蹴可幾，再加上之前若沒有養成睡眠習慣，可能會花上更多時間。根據兒子氣質的不同，可能有所差異，但請記得，要培養或改善睡眠習慣，需要短則三週，長則兩個月的忍耐時間。雖然哄不想睡的兒子睡覺很辛苦，但仍須發揮耐心，要想著兒子現在的睡眠就是兒子美好的未來而堅持下去。

# 故障的海馬迴失去學習與記憶

電影《記憶拼圖》的主角無法在腦海中輸入新的記憶，因為無法輸入新獲得或新聽到的內容，當然也不會產生學習，因為他的海馬迴受損了。

海馬迴是記憶裝置，我們聽到的新內容、了解的新資訊、學習內容等都會輸入海馬迴，並轉換成短期記憶。轉換為短期記憶的內容中，重要且有意義的內容會再轉為長期記憶被長久記得。

如果海馬迴故障會發生什麼事？首先，我們如果想記住什麼東西，就必須將它轉為短期記憶，但無法辦到這點的海馬迴，會讓我們看到、聽到的內容全部流掉、忘掉，就像一座名為短期記憶的橋梁斷了，變成無法橫跨的狀態。所以會像《記憶拼圖》的主角一樣，不管看幾次都覺得是新的，聽幾次都覺得是第一次聽說的事。

海馬迴受到睡眠、壓力及關愛的極大影響，充足的睡眠、沒有壓力且開心生活，並獲得滿滿關愛時，海馬迴會發育得更大，進而對記憶相關的能力形成正面的影響。

# 讓兒子大腦生病的行為

　　從遺傳學角度來看，男生帶著比女生更脆弱的染色體出生，那些受發育障礙所苦的孩子也是男孩比女孩多。此外，身處在惡劣環境中，也是男孩受到更多影響。所以，**有時候為了把兒子養得更強大，刻意讓他們受苦，少給予關愛的行為，都可能讓兒子在未來過得更辛苦。**

　　不管是兒子或女兒，幼兒期的孩子都很脆弱。他們是給什麼就只能接受什麼的弱小存在，也無法判斷是好是壞，所以父母必須判斷對他們有益或有害的影響，讓他們在良好的環境中長大。現在起，我們來了解為了幼兒期兒子的大腦良好發育，需要避免的行為吧。

## 嬰幼兒也能感受到壓力

　　過度的壓力是造成我們身體免疫系統產生不好影響的萬病根源，那小孩子也會有壓力嗎？研究指出，不只是小孩子，即使是胎兒暴露在壓力下，也可能招致嚴重後果。

1998 年加拿大魁北克區因冰風暴影響而癱瘓了一整個星期，斷電、糧食短缺，人們都聚在避難所，焦急等候救援隊的到來。救援隊抵達後，雖然也提供了諸多物資，但直到全區恢復正常電力供給，一般人也能在路上通行的狀況，卻花了四十天以上的時間。

加拿大麥基爾大學精神科醫生蘇珊・金（Susan King）教授針對當時受到嚴重壓力的 150 位孕婦所產下的孩子，進行長達十三年以上的健康狀況觀察。首先，懷孕期間受到極大壓力的孕婦，產下的孩子在出生時都低於正常體重。受到壓力的媽媽子宮血管收縮，傳給胎兒的血液量也因此減少，養分及氧氣的供給都不夠充足。

在孩子們成長到兩歲左右時，孕期受到極大壓力的孕婦所產下的孩子，在認知能力、專注力及語言能力都相當落後，且這種狀況持續到六歲為止。更驚人的是，兒子這種狀況比女兒更加明顯，也就是說，在媽媽腹中的兒子比女兒更容易受到壓力影響。懷孕中期才會開始分泌睪酮素，因此兒子的大腦發育及成熟速度會比女兒慢上許多，所以在媽媽感受到極大壓力時，他們才會沒有足夠的應對能力。

**比起壓力本身，在感受壓力時所分泌的壓力荷爾蒙皮質醇對人體影響更大。皮質醇會在大腦四處跑，妨礙突觸的生成並損毀大腦，那**如果讓幼兒期的兒子面臨太大的壓力會發生什麼事呢？

**以幼兒的程度來看，在沒有做好心理準備下就得接受難以理解內容的先行學習就是第一個壓力。**雖然幼兒期是大腦發育最旺盛的時期，但不表示這就是能學習並接收所有情報和刺激的時期。直到幼兒期，孩子都是透過掌管五感的感官去了解並接受世界，不是透過象徵符號理解語言與數理，而是能親身看到、聽到、摸到、嘗到的神經細胞非常積極創造突觸的時機，但這是個還無法理解過於複雜的象徵世界的階段。

如果要這種狀態的兒子去讀書、補習，或讓他們使用英文，幾乎

等同於催促剛學會站的孩子跑快點的行為。孩子用來跑步的大肌肉都還沒長好，不管再怎麼要求他們都不可能跑。學習也是如此，在還沒形成能閱讀文章的突觸前就要他們閱讀，只會讓他們感到壓力罷了。

## 盡量遠離智慧型手機

不久前，我在餐廳裡看到令人遺憾的場景。隔壁桌有個年約兩歲的男孩和父母及祖父母一起吃飯。上菜前孩子一吵鬧，媽媽就很自然地說「好，知道了」，接著打開智慧型手機的畫面給孩子看。孩子沉迷於智慧型手機的影片也立刻變安靜，上菜後，媽媽也持續讓孩子看手機，並餵他吃飯。孩子只有嘴巴在咀嚼媽媽餵的食物，眼睛緊盯著智慧型手機。

我覺得非常遺憾，但孩子的媽媽卻自豪地說：「我兒子的專注力非常好，只要開給他看，就能幾個小時都乖乖坐在那邊。」但真的是這樣嗎？

**電視與智慧型手機等媒體對正在成長的孩子大腦會造成負面影響，會對視覺皮質所在的枕葉、發生情緒的杏仁核，以及集結認知能力的額葉造成致命性影響。**

智慧型手機的影片或遊戲場面的速度都很快，通常也都用強烈顏色形成視覺刺激。長時間接觸這種視覺刺激除了視力變差，還會因為產生耐受力，期待更強力的刺激。如此一來，兒子會對日常生活中接觸到的刺激感到枯燥乏味。反覆且長期接觸強力刺激時，會讓包含額葉在內的大腦皮質變得不穩定，並在準備入學的兒童期開始出現注意力相關問題。

對於看到的東西右腦會產生快速反應的兒子，比起會使他沉迷的電視，要讓他們看著人臉聊天溝通，哈哈大笑，跑跳玩耍，才是打造出健康兒子大腦的良好行為。

---

### 重點摘要

- 為了幼兒期兒子的大腦成長，必須充分攝取三大營養素及三副營養素。
- 為了幼兒期兒子的大腦成長，充足且高品質的睡眠十分重要。深層睡眠期間，兒子的大腦會快速長大。
- 幼兒期的兒子同樣會感到壓力，兒子大腦也可能因為壓力而受損。
- 幼兒期兒子的大腦尚未成熟且脆弱，須留意少暴露於電視前或避免使用智慧型手機。

---

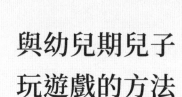

爸爸媽媽一定要看

# 與幼兒期兒子
# 玩遊戲的方法

### 跟兒子一起進行身體活動是必需的！

1. 不管再怎麼年幼，兒子大腦都會分泌睪酮素，要在身體活動到會流汗的程度時，活力和攻擊性等才會趨於穩定，所以必須從小就跟兒子用身體玩遊戲，父母不能因為覺得累就只坐在房間裡看著孩子玩玩具！

2. 活動身體一起玩的時候，兒子會感受到正向的情緒，也就是享受揮汗運動後的暢快感，是因為與開心情緒有關的神經傳導物質多巴胺的分泌有關。

3. 和兒子一起身體活動對父母而言也有益處，藉由身體接觸可產生情感紐帶關係，配合子女的眼光也能提升共情能力，EQ 也會提升。特別是小時候沒有跟自己父母有過這種玩樂時間的爸爸們，透過和子女玩耍，能增加親密感與情感。

## 和兒子用身體進行活動前要記得的撇步！

1. 先掌握子女所能接受的刺激強度為何並加以配合，有的兒子個性比較敏感或小心，如果一開始的強度就過於強力或粗魯，反而會讓他對用身體玩遊戲形成負面印象。

2. 用身體玩遊戲的時間盡可能安排在晚餐之前，除了居住樓層間噪音的問題外，如果在睡前或洗澡前玩，孩子會進入興奮狀態，變得難以哄睡。用身體活動要讓興奮狀態冷靜下來至少也需要三十分鐘，請務必留意！

3. 即使不是特別的遊戲，一起身體活動也能度過歡樂時光。這時候若能配合誇張的大笑或適度的跌倒等身體搞笑動作，幼兒期兒子會更加開心及投入其中。

## 和幼兒期兒子玩遊戲的方法（三歲至六歲）

1. 聲音和圖片配對：媽媽、爸爸模仿動物或機器聲，兒子聽聲音找出合適的圖片。熟悉遊戲規則後，也可以計時。

2. 尋寶遊戲：聽媽媽、爸爸的說明，找出藏在家裡的物品。等兒子大概熟悉物品名稱後，也可以換成兒子說明，父母尋寶的方式進行。

3. 搶襪遊戲：可以好幾個人玩，也可以兩個人玩。坐在地上把腿伸直，脫掉對方的襪子藏起來，或穿上對方的襪子即可，雙腳都變成赤腳時，遊戲結束。

4. 來抓我吧：準備報紙或野餐墊放在遊樂區一角，只要進入這個區域，鬼就不能抓人，也可以取名為「安全基地」或「本

部」。訂好任務後，不讓鬼完成任務即可。

5. 滾球：坐在地上把身體縮成球狀，用雙手環抱雙腳。把身體縮成球狀後滾動，或像不倒翁一樣搖擺，比誰先抵達目的地。

6. 花蟹賽跑：雖然是適合在草地玩的比賽，但家裡若能挪出適當空間也可以。用屁股坐在地上的姿勢，只靠手臂和腳移動，就像花蟹在跑的姿勢朝終點前進。

7. 大拇指隊長：和對方握手，用自己的大拇指壓制對方大拇指即可獲得勝利。建議依照孩子的發育狀態及活動力調節適當力道，透過壓制大拇指的練習，也能達到調節情緒的訓練效果。

**爸爸媽媽一定要看**

# 幼兒期兒子
# 的教養指南

## 一、理解幼兒期兒子大腦特徵

1. 為了喜歡寬敞空間的兒子，每天固定時間讓他們在外面玩耍。

2. 必須讓兒子大腦分泌的睪酮素有一定程度的排出才有助於專注。日本某家幼兒園每天都以跑運動場十圈作為一天的開始，實際上，男孩子在跑完之後，行為舉止也都變得相當溫順。

3. 兒子的大腦比起人，更喜歡事物，請盡量不要把孩子丟在玩具堆裡。

## 二、為了幫助幼兒期兒子的大腦發育，請給予接觸安慰

媽媽給予溫暖的撫摸及擁抱，也可讓兒子的大腦成長，請多抱抱兒子，並跟他們說「我愛你」。

### 三、讓幼兒期兒子更專心聽媽媽說話

1. 即便是幼兒期，兒子也會顯現只使用單邊大腦聆聽的特徵，當兒子不聽媽媽的話，比起訓斥他們，多活用兒子大腦的特徵吧。兒子大腦比起聽覺刺激，更容易專注於視覺刺激，如果有話要跟兒子說，請務必跟兒子對視，因為兒子的大腦不會注意看不見的東西。

2. 請從小時候就幫助兒子負責聆聽的顳葉持續發育，意思是不要因為聆聽能力比女兒落後就忽略了，建議尋找能讓兒子對於專注聆聽感到有趣的方法為宜。

3. 就算覺得兒子說的話很難聽懂而煩躁，也不要逼他們講快一點，或是斥責他們，請發揮耐心等待。訓斥他們講快一點，可能是讓表達能力不足的兒子大腦變得更加寡言的原因。

### 四、為了讓幼兒期兒子的大腦變得更加強壯的用餐指導

1. 吃飯不只是單純的攝取營養，也是發展情緒層面的滿足、安定感及幸福感非常重要的要素。此外，也請別忘了，嬰幼兒時期形成的飲食習慣會影響一生。

2. 請記得，不管再怎麼年幼的兒子，也對食物有其喜好，逼他們一定要吃下討厭的食物是不對的，如果兒子拒絕食物的原因是食物的質感、口感或香味等，建議改變烹調方式。

3. 用餐前必須避免提供會降低食欲的糖果類點心，先吃完營養所需的食物後，用餐結束再給兒子喜歡吃的食物。

 專家請回答！

# ——幼兒期篇——

**Q.** 我是一名六歲兒子的媽媽，兒子本來就很活潑好動，每次餵他吃飯都很辛苦，用智慧型手機播影片或看 YouTube，他就會乖乖吃飯，結果不知不覺就變成每次吃飯都要看影片了。但問題是，現在只要不用手機播影片給他看，他就會開始耍賴不吃飯，我該怎麼辦呢？

**A.** 我們常在餐廳裡看到用手機播影片給年幼子女配飯吃的狀況，我想應該是父母擔心造成其他客人的困擾，或是為了讓孩子乖乖吃飯才會這麼做吧。但從長期觀點來看，這種習慣對兒子沒有幫助。

因為兒子視覺皮質所在的枕葉發育良好，所以他們容易專注於視覺刺激，因此，他們喜歡智慧型手機的影片，也喜歡遊戲。問題是，智慧型手機所提供的刺激，可能會讓兒子的大腦不運作。

專注力分為焦點型專注力與反應性專注力兩種，焦點型專注力會在閱讀或說話時發揮，在讀書或聽講時很需要。另一種反應性專注力則是要專注於快速光線、顏色變化及各種聲音時會出現，最具代表性的就是看智慧型手機時會出現的就是反應性專注力。但反應性專

注力會產生耐受力，會漸漸渴望更強烈的光源、速度及聲音。因此，會看更久的影片，渴望更強烈的刺激，這些刺激甚至可能烙印在正在長大的幼兒期兒子的大腦。

如果養成邊看影片邊吃飯的習慣，也可能招致肥胖問題。有時候也會看到成人播影片獨自吃飯，這種狀況有可能導致吃太多進而造成體重超標。

大腦皮質內有下視丘，下視丘有能感到飢餓的飢餓中樞，及感受飽足感的飽食中樞。我們體內血糖過低時，就會刺激飢餓中樞向大腦傳遞訊號，讓我們變得想吃東西；相反地，飽食中樞會在飯後向大腦傳遞已經吃飽的訊號，讓我們停止進食。大概開始進食二十分鐘後，飽食中樞就會向大腦傳遞「別再吃了」的訊號。

邊看影片邊吃飯時，在飽食中樞傳遞信號的這二十分鐘內，不知道自己究竟吃了什麼，也沒有好好咀嚼食物，導致在短時間內吃下太大量的食物。

如果從小就邊看影片邊吃飯，長大後也有高機率出現一樣的飲食習慣。那父母肯定會非常煩惱要怎麼讓兒子不看影片也能吃飯呢？

首先，父母須展現出強大的意志。如果吃飯時不播影片，孩子可能會像以前那樣四處亂跑甚至發牢騷，就可能會出現「如果真的不吃飯怎麼辦？」的焦急心態而心軟，最後還是播了影片。所以父母必

須下定決心，如果孩子真的因為不看影片就不吃飯，請果斷地把飯菜都收起來，讓他們餓上一兩餐，反而會因為肚子餓而吃得更香。

其次，必須讓孩子熟悉用餐禮儀，這同樣也需要耐心。**為了培養用餐禮儀，首先必須以全家人一起用餐為原則，其他人還在吃飯就開始亂跑或吃太慢，建議果斷將孩子的飯碗收起來。**此時，比起生氣，要跟孩子說「吃飯是一起坐著吃的。」讓孩子了解一起用餐的意義很重要。當孩子在正確時間內吃完飯時，建議激勵孩子：「〇〇今天真的很乖又很有禮貌的好好吃飯，爸爸媽媽也很開心！」

**Q.** 我兒子今年七歲，他很散漫。都沒仔細聽我說話，常常反問我：「我不知道！」「你有說嗎？」他明年就要上國小了，我已經開始擔心他能不能好好準備學校功課、準備物品、聯絡簿這些東西了。

**A.** 養兒子的媽媽們最常抱怨的就是「不管我說什麼，我兒子都當耳邊風」、「不管媽媽說什麼，他都會顧左右而言他」。這些怨言所伴隨的擔憂，就是如此健忘的他們，以後沒辦法好好度過學校生活該如何是好。曾經找我諮商過的一位媽媽也有過類似經驗，別說是準備物品和聯絡簿了，兒子有一次甚至還忘記帶書包去上學。

兒子和女兒大腦的最大差異就是聽覺皮質和視覺皮質。以女兒來說，聽覺皮質所在的顳葉比兒子發育得更早也更快，她們很能聆聽其他人說話，也容易記住，聽覺皮質發育慢的兒子就常會聽到「他

都把別人說的話當耳邊風」、「專注於說明但沒仔細聽」的評價。**但兒子的視覺皮質發育得更快也更好，所以他們很容易被眼前所見、移動的東西吸引。如果想讓兒子記住東西，比起單純用語言說明，最好讓他們眼見為憑會更有效果。**

在上國小之前，為了培養兒子好好記住事情並攜帶東西的習慣，首先需要練習眼見為憑，在月曆或寫字簿的大紙上，顯眼地寫下每天該做的三件事。可以用「○○今天該做的事」為標題，或是很期待上國小的兒子，也可以寫成「○○的聯絡簿」。一開始就寫下太多待辦事項，可能會讓孩子覺得吃力，建議不超過三項為宜，並以玩完要收拾玩具、寫三頁教材、自己刷牙等具體內容為主。接著把寫下待辦事項的紙貼在家中最顯眼的地方，每當完成一件事，就讓兒子進行標記，以畫星星、畫圓圈或愛心等兒子期望的方式進行，父母也可從旁一起寫下「好棒！」、「超讚！」、「你最棒！」等讚美激勵他們。

只要從小就培養他們用眼睛確認待辦事項並加以檢查的習慣，會對日後入學該怎麼打理自己該做的事有所幫助。

**Q.** 對於很愛耍賴的兒子感到困擾，倘若不如他的意，或不能立刻做他想做的事情，就會大吼大叫並耍賴。只要一耍賴就是讓人昏頭的程度，所以我也變得會一起怒吼跟發火。雖然我一生氣，他就會看我臉色短暫安靜下來，但也曾發生過他繼續耍賴而被我體罰的狀況，太愛耍賴的兒子讓我覺得很辛苦。

**A.** 子女耍賴時，父母就會覺得慌張無措，特別是在人多的場合發生就會更加昏頭，然後父母也會不知不覺的情緒激動，又會因為對兒子發火而產生自責及罪惡感。

在改正兒子愛耍賴的習慣之前，必須先觀察他通常在什麼時候耍賴。有些孩子是身體疲憊時會出現耍賴的行為，有些孩子則是因為曾用哭鬧跟耍賴的方式，成功獲得想要的東西，進而變本加厲強化這項行為。也有些孩子會在人多的場合哭鬧，知道這樣能讓父母難堪，就能更快獲得想要的事物，進而學習耍賴的技能。

但不管是何種狀況，如果兒子學會用耍賴換取想要的事物，他們就會漸漸失去培養控制和自我調節能力的機會。當他們想要獲得事物時，會在大腦的邊緣系統，特別是杏仁核產生欲望。但如果我們都依照杏仁核的期望，順從情緒與欲望行動的話，這個世界就會變得混亂。

將杏仁核感受到的情緒和欲望，配合當下環境「現在忍忍吧」、「再想一下吧」進行調節及控管的能力，是由位於額頭的前額葉掌管。**由前額葉啟動的此項能力並非一開始就會出現，而是透過適當忍下情緒和欲望的練習才能逐漸培養而成，所以如果持續耍賴，前額葉就會難以發育。**

父母會因為哭鬧的子女而表現出激烈情緒，如果經常發生這

種事情，對父母以及兒子的大腦，都可能產生負面影響。一般來說，子女如果讓父母生氣，就會感到不安與害怕，而這些感受會引發壓力，進而分泌壓力荷爾蒙皮質醇，對大腦形成危害，而父母本人也會因為生氣而分泌壓力荷爾蒙。

孩子哭鬧時，特別謹記要避免說出「你是像誰才這麼固執？」、「整天都在吵，因為你都搞得亂七八糟了！」這些負面字眼，或是「好，我只聽你這一次，只有今天可以」這種沒有一貫性的話。

當兒子開始耍賴，就要說：「○○現在心情不好嗎？等你冷靜下來再玩吧（或是冷靜下來再買給你）！」因為耍賴就是處於興奮狀態，最好要保持距離等他平靜下來，這時如果兒子哭鬧或生氣，建議不要給予任何反應，等他們冷靜下來再握著他們的手，或給予擁抱，透過對話，幫助他們表達出自己的需求會更好。

第三部

# 國小兒子
# 如何好好長大

國小時期的男生確實落後女生，在認知能力、社會性、情緒等各種領域中，女生都比男生更快發展成熟。因此，女生會覺得男生幼稚，老師會責罵大聲又愛亂動、甚至出現過激行為的男生。

為了保護兒子大腦不受遊戲、手機成癮的破壞，最需要特別注意的就是環境。為了不成癮，物理性遠離手機和遊戲，打造出可以遠離手機的環境是很重要的。

# 國小是黑暗期

在 3 月入學季不久後，就聽朋友分享一件趣事。她是剛把老二的兒子送進國小，有兩個兒子的媽媽。同班的媽媽們為了交流，也分別建立了男同學媽媽的群組和女同學媽媽的群組。

那位朋友因為已經有養育老大兒子的經驗，沒有太大壓力。因為兒子和女兒玩的方式不同，各自有興趣的事情也不一樣，同性別兒女的媽媽談論共通話題時，通常都比較能互相理解，跟自己孩子比較熟的朋友也幾乎都是同性。因此，雖然一開始覺得用學生性別分開創立群組這件事很怪，但也很快就適應了，畢竟本來就不可能跟全班的每位同學熟識，但是只有獨生子女或有異性手足的媽媽對於要依性別分群組這點就感到奇怪，那該怎麼接受這種狀況呢？

兒子和女兒雖然本來就因大腦構造及荷爾蒙等差異而擁有相異能力與特質，但子女年幼時，有些沒有感受到特別大差異或困難的父母，常在兒子剛上國小時感到納悶。身為女性的媽媽，對於兒子令人難以理解的行為和模樣而感到不知所措的狀況也越來越多。因此，有兒子的媽媽們會分享彼此都能理解的煩惱，甚至聚會。

而家有國小兒子的媽媽們，共同話題之一就是「兒子真晚熟」；比女兒更遲鈍，被老師責罵或受罰幾乎都是兒子的家常便飯，媽媽們因為這點感到難過的話題很多。比起女兒，兒子看起來遊手好閒、不夠乾淨，還會吵吵鬧鬧、不夠專注，甚至還擔心日後孩子出社會是否會繼續落後給女性，發揮不了自己的能力。

對讀國小的兒子而言，國小說不定是一段黑暗期，因為他們老是表現出與學校和老師所期望的文靜、正直行為相反的模樣，所以總是被責罵也被比較。但從大腦發育的觀點來看，兒子的這些行為是十分正常的，只不過兒子大腦發育的速度和領域跟女兒截然不同，才會發生這種狀況罷了。

# 教室內的混沌

孩子們上國小後，我曾看過一年級教室的狀況，總會不由自主地向老師點頭致意。教室內真的亂成一團，即使是上課時間，有在教室內四處搗亂的孩子，也有完全不聽老師說明與指示，自顧自做其他事情的孩子，甚至還有跟鄰座同學吵架的狀況。在這宛如戰場的教室內，能維持平常心的老師，真的非常神奇又令人尊敬，同時我也發現了一件有趣的事。

上課時間無法專注聽老師上課，甚至還跟人吵架的學生通常都是男孩子，會被老師責罵的也多半都是男孩子。女孩子看到男孩子被老師責罵的樣子，行為舉止會更加乖巧，並且更努力專心聆聽老師的說明。更有趣的是，就算已經看到其他同學被老師責罵，男生也依然會吵鬧、不專心、動來動去！男孩跟女孩真的很不一樣吧？這究竟是什

麼原因造成的呢？

　　大腦會分泌神經傳導物質，神經傳導物質主要擔綱影響我們心情或情緒的角色，但它不是只對心情和情緒產生影響，也會對記憶、學習造成不同結果。在心情好且平穩的狀態下，更容易記憶也容易專注，但如果是在憂鬱或生氣狀態下，別說要記憶或專注了，是會處在什麼事都沒辦法做的狀態。情緒會影響人類的大部分活動，所以，神經傳導物質具有重要的關鍵因素。

　　**神經傳導物質中，名為血清素（Serotonin）的物質就像一座左右平衡的翹翹板支點，負責調整心情不會過於偏移，不讓心情變得低氣壓，但也不讓心情過於興奮，維持在平穩狀態的角色。但很不幸的是，分泌讓人維持心情平穩的血清素會受到女性荷爾蒙雌激素影響，分泌雌激素時也會同時分泌血清素，當然，如果分泌得太多，也會在情緒調節方面產生問題。**

　　兒子大腦所分泌的男性荷爾蒙睪酮素，對血清素的分泌沒有影響，反而會分泌另一種神經傳導物質多巴胺。多巴胺會引起意欲、競爭、快感等，所以兒子跟朋友玩遊戲會展現出求勝心，就是多巴胺造成的結果。此外，多巴胺的分泌會讓人心情變得更興奮，兒子大腦中的男性荷爾蒙睪酮素會導致多巴胺的分泌。

　　雪上加霜的是，心情難以平靜下來的兒子大腦，又會因為右腦發達而被視覺刺激的變化給迷住。當視覺上持續提供不同的刺激變化，才會集中且專注的兒子大腦，在四十分鐘的上課時間內，在沒什麼視覺刺激的狀態下，只能一直聽老師講課，對兒子的大腦而言是非常乏味的，所以他們才會被窗外或同學的一些小動作吸引注意力。

　　男性荷爾蒙睪酮素會導致多巴胺分泌，讓兒子事事都想求勝，甚至難以維持在冷靜狀態裡。而且睪酮素本身所擁有的能力，於兒子大

腦作用的態樣就是攻擊性。

大部分的兒子都具有攻擊性，會做出有攻擊性的行為，說出有敵意的話。但攻擊性與暴力性是截然不同的概念，前者是指好勝且活動性的狀態，會有一點點過度且積極的行為，對於微弱刺激也會產生劇烈反應。而暴力性超過了攻擊性，會做出傷害對方的行為或言語，所以兩者的差異請務必區分清楚。

上國小後，兒子的大腦會比幼兒期分泌更大量的睪酮素，大部分的兒子看起來都會具有攻擊性，隨便說話和行動，也會因為他們想動起來而不知所措。

大腦處於這種狀態的兒子在學校裡會是什麼樣子，應該是可想而知。聽著老師上課，又會跟旁邊的同學講悄悄話，聽到身後有什麼動靜或玩笑，就會出現不由自主的激烈反應。運動場上也是如此，在需要好好排隊站好的狀況下，只要同學隨便碰幾下，就會立即有所反應。所以在國小教室和運動場上，老是被老師嘮叨和責罵而露出一臉欲哭神情的人，幾乎都以男生為多。相較於聽話又會看人臉色行動的女學生，老師也只能責罵看起來特別混亂的男學生。


# 自卑感帶來的成長危機


觀察有關男女差異的研究，可發現國小時期的女生會比男生成績更好。在國小教室內，男女學生的行為及態度呈現明顯差異，有些問題則是來自心理層面的影響。

國小時期的兒子一直被責罵，這種反覆性的指責可能讓兒子覺得自己很無能，或是自卑，這也被稱為標籤理論（Labeling Effect）或汙名

效應（Stigma Effect）；意指如果反覆聽到他人對自己做出很笨或腦筋不好的評價，會開始對自己產生心理上的負面評價，在自己身上印下負面烙印，進而開始做出不好的行為。

以全世界 IQ 達 140 以上的人才能加入的國際門薩協會會長維克多‧謝列布里亞科夫（Victor Serebriakoff）為例，他在十五歲時於學校進行 IQ 測驗，因為班導的疏失把 173 誤記成 73，老師甚至還說以這種智力程度很難順利從學校畢業，建議他去做生意或另謀他路。他在聽到這番話時真以為自己成了傻瓜，所以做出更像傻瓜的行為，學校生活過得一塌糊塗。長大成年後也遊手好閒，虛度了十七年時光才知道真相。他因為 IQ 分數太低的評價，被他人甚至自己的負面評價影響，進而跟著這個「腦筋不好」的評價做出相應的行為。

於是需要提醒，我們的兒子也可能會受到標籤理論影響，覺得自己是個無能的笨蛋。被說比女同學成績落後、不聽話，兒子可能會感到羞恥，甚至自責自己是個笨蛋。

發展心理學家艾瑞克‧艾瑞克森（Eric Erikson）主張人類從出生到死亡的整個過程都有不同的發展特徵，他認為不同年齡層都有其該解決的發展課題，如果無法解決，可能會產生心理層面的危機。**依據艾瑞克森的發展理論，等同於國小時期的兒童期所需要解決的發展課題就是培養「勤勉性」**。上國小對一個人而言是至關重要的事件，與只和媽媽或照顧者相處的過往不同，要開始和同儕相處及學習，是會經歷環境有大幅改變的時期。在這種狀況下，自然會開始與他人比較，會去思考和比較自己與同儕的外貌、擅長和不擅長的能力。

此外，在國小的教室和運動場也會不斷出現成功與失敗的體驗機會，上課時間可能答不出老師的問題，也可能因為吵鬧被老師責罵，在運動場上即使咬牙努力跑了也可能還是最後一名，這些狀況都會被

評價為「成功」或「失敗」。

即使努力了卻還是一事無成時，也就是說，已經夠勤勉了卻還是得不到好結果時，還被與他人比較，責罵，在心理層面所面臨的危機就是所謂的「自卑感」。

# 父母類型與子女行為特徵的關聯性

　　諮商時常會有同時面對父母和子女的狀況，進而發現父母對待子女的行為與子女顯現的特徵有深刻關聯性。這方面的研究也有相當程度的進展，代表案例是青少年諮商院提出的父母類型與子女特性一覽表。此表將父母分為慈愛型與嚴厲型，總共可區分為四類相處型態，包含既嚴厲又慈愛的父母、嚴厲但不慈愛的父母、慈愛但不嚴厲的父母，以及既不嚴厲也不慈愛的父母類型。以下就這四種父母類型來了解會產生何種子女的特性吧。

| 父母類型 | 父母特性 | 子女特性 |
| --- | --- | --- |
| 既嚴厲又慈愛的父母 | ·認為子女所造成的問題都是人生中的正常過程及一部分。<br>·會讓子女經歷適當挫折，提供自我訓練的機會。<br>·認為子女是同時具備優缺點的人類。<br>·發現子女的優點後會支持他們繼續開發。 | ·有自信，高成就感。<br>·有辨別事理的能力。<br>·維持圓滿的人際關係。 |
| 嚴厲但不慈愛的父母 | ·不太稱讚子女。<br>·不允許任何忤逆父母權威的行為。<br>·對子女犯錯的部分會立即糾正。<br>·認為做錯事就該受體罰。 | ·容易擔心、時常緊張、高度不安。<br>·憂鬱，有時會有自殺意念。 |

| 父母類型 | 父母特性 | 子女特性 |
|---|---|---|
| 慈愛但不嚴厲的父母 | · 接受子女的一切要求。<br>· 雖然講話嚴厲但無法嚴格實施。<br>· 有時給予較極端的處罰或發脾氣後，會產生罪惡感。<br>· 認為處罰本身就是不好的。 | · 常有迴避責任的話或行為。<br>· 容易感到挫折，並難以克服。 |
| 既不嚴厲也不慈愛的父母 | · 漠不關心、無力。<br>· 不稱讚也不處罰，只會責怪。<br>· 認為子女犯的錯都是故意為之。 | · 有反社會人格傾向，無秩序，敵意高。<br>· 常感到混亂及挫折。 |

# 戰勝國小黑暗期

　　國小時期的男生確實落後給女生，因為在認知能力、社會性、情緒等各種領域中，女生都比男生更快發展成熟。因此，女生會覺得男生幼稚，老師會責罵大聲又愛亂動，甚至出現過激行為的男生。在家也是大同小異，大致上來說，如果是有兄妹的家庭，相較於兒子，身為妹妹的女兒也發育得比哥哥更快，會比哥哥更清楚該怎麼做才能受到父母關愛，所以常有妹妹被稱讚，但哥哥卻因為被比下去而畏縮的狀況。

　　在學校或在家都被比較的兒子可能因此感到自卑，所以必須要特別關照，讓兒子能度過對他們而言過度殘酷又痛苦的國小時期。因為此時所形成的自卑通常都會持續到長大成人之後，並對個人的自信與自尊造成影響，為了把兒子養育成身心健康的男性，也需要多加努力。

# 關愛與鼓勵　撕掉自卑感的標籤

相較於在教室裡把分內事做好的女生，吵吵鬧鬧的男生大部分都會是獲得老師負面關懷的對象，不是被指責，就是會被用警告的意味叫名字。這類經驗會讓兒子對自己做出比女學生更不聽話、腦筋不靈光的評價。這個標籤在兒子長大成人之後也會留著，影響他們的自尊與自信。那要如何把這個貼在兒子身上的標籤撕下來呢？

標籤理論的相反詞就是「畢馬龍效應」（Pygmalion Effect），畢馬龍效應是由古希臘神話登場的畢馬龍雕刻家得名，畢馬龍對自己雕刻的作品一見鍾情，甚至真心愛上它，每天都像對待戀人一般地呼喚名字、珍惜並關愛它。看到他這個樣子的愛神阿芙蘿黛蒂被畢馬龍的愛感動，賦予雕像生命讓他們得以實現真正的愛情，創造出因為畢馬龍的愛與關心，讓雕像變成活生生女人的奇蹟。

**為了消除兒子的標籤，就需要有如畢馬龍般的愛，如同畢馬龍的將雕像當成真人般一樣的愛心，對待在學校被責罵的兒子，要不斷稱讚他是有能力且帥氣的人，並給予關愛。**

實際上也有很多因為關心與期待而改變一個人的類似研究，最具代表性的例子是哈佛大學心理系教授勞勃・羅森塔爾（Robert Rosental）與擁有二十年以上教學經歷的國小校長雅各布森（Lenore Jacobson）的研究。他們以美國舊金山國小全校學生為對象，進行 IQ 測驗後，隨機選拔與測驗結果無關的二十位學生，並給予老師假訊息。他們告訴老師這些被選拔的學生非常聰明，是能期待擁有好成績的學生，但這些學生中實際上也包含了成績低落的學生。八個月後，羅森塔爾和雅各布森再次到訪學校時，發現了驚人變化。那二十位學生都取得了非常

高的成績，甚至連原本得到極低分數的學生成績也大幅上升。

　　研究人員對於究竟是什麼導致這些變化做了細密的研究，結果發現對學生變化造成最大影響的因素，就是老師的關心與期待。老師產生了「就算那傢伙現在成績不好，總有一天會表現出卓越實力」、「那個孩子既然這麼聰明，那我真的要好好教他」的想法，會展現出與過往不同的態度，例如孩子失誤也會給予鼓勵，對於孩子的努力和成就給予讚美與關心，孩子會為了回報老師的關心與期待更加努力。


# 血清素──讓兒子的大腦冷靜下來

　　兒子大腦中會大量分泌神經傳導物質多巴胺，多巴胺不只形成意欲及競爭，還會引出兒子的攻擊性與衝動性。多巴胺雖然對於當下必須完成的事或達成短期目標有幫助，但從長遠的角度來看並非如此，反而會在未能達成短期目標時讓人變得憂鬱。因此，兒子如果在一些小事上努力去做效果卻不如預期時，就可能會出現意志消沉的樣子。

　　能讓心情不要過度高昂，也不要過於消沉，維持平衡的角色就是神經傳導物質血清素，若血清素在兒子大腦的分泌量不夠多，兒子的行為特徵之一就是容易因為一些小事發動好勝心，想盡辦法為了不要輸而咬牙撲上去的行為，這都是因為多巴胺的緣故。

　　多巴胺對於引發兒子的推動及投入程度扮演重要角色，但也會讓他們在沉迷於一件事時，做出不瞻前顧後的行為，進而被芝麻蒜皮小事糾葛的後果。**負責讓多巴胺引起的突發行為冷靜下來的就是血清素，血清素能輕鬆讓多巴胺急躁又具攻擊性的傾向冷靜下來，是兒子大腦中必備的神經傳導物質。**

幸好，分泌血清素大腦範圍比起多巴胺寬很多，多巴胺主要由額葉到邊緣系統分泌形成，血清素則是由額葉、枕葉、顳葉、頂葉等所有大腦皮質，以及大腦皮質內的邊緣系統分泌。因此，提供能讓血清素大量分泌的刺激，對於調節兒子的攻擊性與衝動性有一定程度的效果。

# 補充血清素──讓他吃好睡好

第一個基本條件就是飲食，要多攝取能分泌血清素的飲食。吃下含有色胺酸（Tryptophan）的食物可有效分泌血清素，最具代表性的食物是核桃、花生、芝麻等堅果與穀物類，此外，乳製品、香蕉等也含有許多色胺酸。

第二個基本要件就是睡眠，人類熟睡的時候大腦會分泌褪黑激素（Melatonin），褪黑激素與血清素關係密切，沒有血清素就無法生成褪黑激素，**若沒有褪黑激素就很難分泌血清素，是一種相輔相成的關係。褪黑激素主要在晚上十點到凌晨兩點之間分泌，為了讓兒子的褪黑激素加以分泌，建議盡早哄他上床睡覺為宜。**

我們情緒高昂時會分泌多巴胺，多巴胺形成時也會導致心情興奮，情緒與神經傳導物質會互相影響，血清素也是如此。血清素在人類感到冷靜且溫暖時會加以分泌，而分泌血清素時也會讓心情平靜。

不管是兒子或女兒，在父母給予充足的關愛，並互相支持安慰時，會活化血清素的分泌。兒子在成長過程中，可能會減少對父母的表達或對此感到難為情，但為了兒子的健康心智與冷靜的心理狀態，必須記住他們也需要與父母維持溫暖的關係。父母多抱抱兒子、鼓勵並加以安慰的行為，都會讓兒子的血清素分泌更加旺盛。

- 國小兒子大腦會因為大量睪酮素與少量血清素的關係,落後給女學生,度過被不斷比較的國小黑暗期。
- 國小時期的兒子可能出現自覺比他人差的標籤理論效應。
- 若想讓國小兒子大腦多分泌血清素,需要有充足的飲食攝取以及父母的溫暖關愛、支持和鼓勵。

# 建立兒子的自信心，父母可以這樣做！

## 一、嚴禁比較

1. 不要忘記子女是受父母遺傳及環境影響而形成獨一無二的存在，絕對不能抱持和別人家兒子比較的心態。

2. 不要忘記到青少年前，兒子的發育速度都會比女兒緩慢。因此，絕對不能拿他們跟同齡女生的成就與行為比較，不能說出「你一個男孩子怎麼這副德性」的話。

## 二、成為畢馬龍型的父母！

1. 如同畢馬龍把他的白皙雕像當成戀人一樣對待，稱讚兒子的優點、並對兒子要做的事表現出期待，兒子的優缺點可能會出現在意外之處，這些優缺點或許也會在未來產生某種影響力。

2. 稱讚兒子的成果時，盡量以「今天的作業寫得比昨天更容易讀了」、「這星期讀書時好像特別專心，讀書時間也增加了二十分鐘」等具體內容為佳。

3. 稱讚時，父母也要說出表達關心、期待以及能感受到愛的話。例如「不管別人說什麼，我都相信我兒子辦得到」、「直到最後也盡全力努力的兒子是最棒的」等充滿關愛的話。

# 大腦也需要運動

　　晚上回家時都會看到剛從補習班交通車魚貫下車的國小學生。學校下課後，在歷經英文、數學、國文、作文等各種補習課程後，回家也依舊要被各種作業糾纏，每天以半失神狀態入眠，這幾乎可說是國小生的日常。

　　參加家長聚會時，也常會聽到媽媽們說看到孩子這麼辛苦，她也很過意不去。現在年紀還小，為了補習沒辦法和朋友一起跑跳玩耍這點雖然遺憾，但媽媽們也說，如果不送他們去補習，很快就會落後其他人，這也是無可奈何的選擇。

　　媽媽們的心情和選擇，我十分理解，能盡情玩樂的時間不復返，雖然真的很想讓他們去玩，但孩子還要念大學，為了以後能得到一份好工作，父母相信孩子必須從小打好基礎，用功讀書才會變聰明，也受社會氛圍影響，即使被開一點玩笑都會覺得不安。

　　**但腦科學的說明截然相反，特別是兒子的大腦更是如此。兒子小時候要多運動，多進行爬山等積極性的活動，才會變聰明。**

# 讓兒子和運動成為好朋友

以前學校的運動場隨時都是人聲鼎沸，早上上學、下課、午餐、放學後，只要有空就會看到孩子們在運動場踢球，跑得喘不過氣，但最近已經很難看到操場上出現這種光景了。

美國也不例外，為了提升低落的學力，最近也有四成的美國公立國小減少甚至刪掉下課時間。但這樣真的就能如大人所願，提升學生的成績嗎？

遺憾的是，結果與期待不同，學校暴力也依然發生，國小生平均學力也依然在原地打轉，甚至男同學的落榜率比女同學多出三倍。我認為韓國的現實應該也不會有太大差別，為了讀書減少休息時間，甚至剝奪孩子的運動時間，是因為他們對大腦發育理解不足才會發生的事，正在發育成長的孩子真正需要的東西，不該是一味增加他們坐在書桌前讀書的時間。

國小三四年級是孩子從兒童變成少年的階段，柔弱的四肢開始長肌肉，骨骼開始長硬，力量變大，身體也變得敏捷。**兒子大腦也會大量且快速分泌睪酮素，再加上還有會引發意欲的神經傳導物質多巴胺，身體會開始蠢蠢欲動。因為這兩項物質，兒子大腦會變得活動性高且開始有攻擊行為的傾向。再加上比起女生，兒子擁有更高的新陳代謝和能量，如果不用身體去排解掉那些能量，就有高機率會開始搗蛋。**

運動不是只為了兒子大腦好才該做，心理層面的影響更重要。**根據小時候運動量多寡以及從事過何種運動，會影響兒子的體力和體格，並對他的健康狀態產生影響。**擁有健康體魄的兒子會對本人的身體形象產生信心，也能在情緒面獲得安定。也就是說，兒時的運動

會成為兒子的身體和情緒基礎，是可能影響他一輩子的重要活動。因此，讓兒子和運動成為好朋友很重要，如果運動量不足，會對兒子造成什麼影響呢？

**第一，運動量不足的兒子容易生病**。依據世界衛生組織的報告，全世界兒童和青少年因為運動不足罹患各種疾病，其中最具代表性的疾病就是肥胖。實際上，倫敦大學兒童健康研究所的研究結果顯示，全世界有約 65% 的兒童一天平均進行約五十分鐘的運動，這個結果甚至未達一天建議的運動時間，但在玩智慧型手機、電視、電腦、電動等坐著的時間每天平均達 6.4 小時。大部分時間都坐著的兒童中，有很多肥胖或是高機率肥胖的孩子，最終導致運動量不足與肥胖的直接關聯性。

**第二，運動量不足會對兒子的自信與自我形象產生負面影響**。大部分的兒子雖然知道運動不足會造成肥胖，可能也不會太在意。雖然女生較早開始在意外表，但兒子要在三、四年級後才會比較自己跟同儕的身材。也就是說，因為太胖而活動不便，對健康造成危害，看到自己無法跟朋友一樣敏捷移動時，自信可能因此降低，也會對自己的身體形象有負面想法。

這種狀態會與自卑感形成惡性循環，對自身模樣感到羞愧而不願在他人面前展現自己，會和運動更加漸行漸遠，導致更加肥胖的問題。肥胖最後會誘發包含早熟症在內的成長障礙、情緒障礙、學習障礙等問題。

美國知名青少年專家、明尼蘇達大學大衛・沃爾許（David Walsh）博士主張，身體活動量較少的兒童與青少年學業表現較差，在學習態度方面也有問題，並有高機率會處在生氣、煩躁的狀態，甚至因為無法調節自身情緒而出現攻擊性及暴力性行為。

## 運動能維持心態穩定　建立正向人格

　　某次我和朋友通話，當時適逢梅雨季，是個綿綿細雨的日子，朋友說他人在外面。

　　「梅雨季你還跑出去？」
　　「我的心情是你這種有女兒的媽媽無法理解的，臭兒子因為下雨不能出去玩，就把家裡搞得一團亂，我只好硬著頭皮帶他們出來，現在把他們放在社區居民中心的遊戲室了。」

　　活動對於孩子們，特別是對兒子而言，至關重要。把分泌睪酮素與新陳代謝旺盛的兒童期與青少年期的兒子放在同個地方，就會像朋友的兒子一樣，把家裡搞得一團亂，要不就是會因為雞毛蒜皮的小事大發脾氣，所以才需要用運動去排解兒子大腦和身體裡滿溢的能量。
　　但會有很多人反問，運動後會感到疲憊，要怎麼念書？這邊有個可以正面反駁的研究。位於日本大阪的一所幼兒園就以晨間運動聞名，每天早上來上學的每個孩子，在進入教室前都要先跑七圈操場，換算距離約為三公里，是大人也會覺得喘的程度，看著才五、六歲的孩子嘻笑著每天跑這麼長的距離，我也倍感衝擊。
　　其實這家幼兒園是根據日本知名腦科學家篠原菊紀的大腦發育理論，規劃並設計所有的教育課程。他所主張的大腦發育理論重點在於身體活動，特別是刺激腳底的跑步、跳躍及走路等運動，進而刺激大腦並加以活化。最神奇的是，跑了七圈操場的孩子進到教室後，都不覺得累，反而都眼神明亮地專注聽老師說話，認真參與課堂活動。**篠原菊紀**

博士表示，持續且規律的進行刺激腳底板的運動與身體活動，可提供大腦活力，促進大腦發育，並能提升學習所需的記憶力和專注力。

　　除了日本研究之外，從腦科學觀點來看，運動會產生正向情緒的神經傳導物質，協助養成正直的性格。**進行會氣喘吁吁的運動，強力跳動的心臟會幫助氧氣快速傳到大腦，身體刺激也會同時傳到大腦，並促進包含多巴胺、血清素及正腎上腺素等三種神經傳導物質生成。這些物質會讓我們的心情變得愉快正向，並維持穩定的心態。**

　　以下介紹運動能維持心態穩定，並有助培養性格發展的實際案例。美國芝加哥的內珀維爾中央高中（Naperville Central High School）在正規課程開始的九點前，要求學生參與跑步、伸展、體操等鍛鍊體力所需的基礎運動。第零節體育課的效果在一年後展現，其中最顯而易見的變化就是成績。令人意外的是，學生的學業成就水準來到全美學生中最高分。有意義的改變同時也呈現在性格方面，特別是男學生的攻擊性、衝動性顯著降低，學生之間的排擠、欺負、學校暴力等問題也隨之消失。

　　為什麼會發生這種事呢？因為活動身體，運動流汗並不是只有助於鍛鍊體力而已，而是透過運動所傳達的刺激，活化了腦細胞所呈現的結果。

　　相反地，如果不運動會對兒子造成何種影響呢？如果沒有分泌能透過運動生成，讓心情變好的神經傳導物質，就會與心情變好的經驗漸行漸遠。再加上受荷爾蒙影響，必須活動身體才能穩定下來的兒子大腦無法活動手腳，能量會轉化成憤怒與攻擊性，累積下來可能會到達難以調節的狀態。變得難以聽完別人說話，難以冷靜行動，因為一點微小刺激就會出現暴力且衝動的反應，甚至可能變成注意力不足過動症（ADHD）。

# 擅長運動的兒子
# 也很會讀書

　　有個有趣的觀點認為，原始時代就存在的生物演化為人類後，會出現「想法、意識」是運動造成的。此觀點認為，在單細胞動物、多細胞動物、脊椎動物等進化過程，大腦為了生存，會在逃離天敵、尋找獵物的移動過程中，產生能進行感覺與預測、判斷能力的想法跟意識。

　　從這種觀點來看，生物為了適應環境而移動可視為意識引導，也可說是運動導致大腦形成的結果。相反地，沒有動靜的生物就沒有大腦，代表例子就是海鞘，海鞘依附於石頭生長，無須移動，所以牠們也沒有大腦。

　　**因此，移動和運動是形成大腦的起點，也是幫助大腦進行思考的重要活動。也就是說，運動終將會對讀書、學習造成極大的影響。**

## 運動——大腦最天然的營養素

　　學生時代，老師常說「要有健康的身體，才能培養健康的精神」、

「要有健康的身體做後盾才能用功讀書」。但我記得，當老師要我們出去跑個十分鐘或做點伸展體操，我就會不滿地想：「現在明明就該多解一題數學，老師為什麼一直要我們去做沒有任何幫助的跑跳和體操呢？」直到現在我才知道，那席話有多麼重要跟意義何在。

**運動能打造健康的身體並維持體力，肌肉變得結實也會產生持久力，運動中的呼吸也讓心臟變得強壯，同時也會讓思考的肌肉變得更結實。**

運動負責提供及傳達大腦移動的原料，我們一天所吃下的飲食和吸入的氧氣中，有兩成是提供大腦使用。因此，要及時補充大腦活動及發育所需的飲食與氧氣，而**活動身體的運動就是一種提供氧氣給大腦的高效率做法。**

運動能讓思考的肌肉和一般肌肉變得結實，運動時，身體肌肉產生收縮和鬆弛，會隨之生成胰島素樣生長因子結合蛋白並於血管流通，透過血管傳達到大腦的胰島素樣生長因子結合蛋白在腦細胞的成長及發育扮演著決定性角色。

運動能讓思考肌肉更加結實的另一個原因，是能生成讓大腦活動及發育的重要營養素，我們在活動身體進行運動時，大腦會分泌腦源性神經營養因子（BDNF），此物質是能強力促成突觸形成的營養素，亦可視為只要運動，大腦就會自動生成營養素。

依據美國加州大學費爾南多・高梅茲－皮尼拉（Fernando Gomez-Pinilla）博士的研究顯示，腦中的 BDNF 越多，會在學習和記憶方面展現出過人能力，相反地，若腦中的 BDNF 太少，學習新事物會花較多時間，記憶力也相對低落。

此外，調查有記憶障礙的人類大腦，發現他們的大腦有著形成 BDNF 的遺傳性缺陷。這些人會在大腦儲存新事實的功能與回憶遭遇困

難，隨著時間越長，症狀會越來越嚴重。

**運動不只鍛鍊身體肌肉，也會增強思考肌肉，分泌促進大腦發育所需的氧氣與營養素，是打造出最適合讀書的大腦狀態的一等功臣。**


# 運動──打造大腦的學習力

運動不只能讓思考的肌肉大腦發育，還對讀書有直接幫助。讀書需要思考、判斷、計算及記憶力等各種能力，這些能力都由額葉與海馬迴負責掌管。有趣的是，運動就能讓額葉和海馬迴區域的腦細胞增加，讓那個區域範圍變大，腦細胞變多、面積增加的額葉和海馬迴就會形成更強大的認知能力。

因此，我們可以說透過運動，額葉和海馬迴的發展機能與讀書是直接相關。美國伊利諾大學教授查爾斯‧希爾曼（Charles Hillman）證明了運動對大腦與學習形成的效果，他以就讀於伊利諾州國小三年級與五年級，共 259 位學生為對象，比較讓他們進行跑步及體操等基礎運動後，他們的運動能力及數理、閱讀的能力表現。結果顯示持續運動，進而提升運動能力的學生在閱讀及數理科目得到相當高的成績，注意力和專注力也有所提升，整體的智力水準也較之前提升。

運動作為讓大腦思考的肌肉發育的重要角色，也對提升學習能力有直接影響。

# 大自然是最好的刺激

為了徹底活化兒子大腦的發育，運動十分重要。那麼，有什麼具體的運動或身體活動有助於兒子的大腦呢？對兒子大腦好的運動並沒有多偉大，只要根據幾點原則進行，就非常簡單易懂。

**第一，在大自然中進行**。兒子大腦受到睪酮素影響，會需要不停的運動，比起室內，建議盡量在能活動身體的寬敞室外進行。

特別是針對還在發育，正在形成突觸的國小兒子大腦而言，在大自然中有機會形成新突觸。每天在書本、參考書、教科書中學到的內容都是熟悉的學習資料，但在自然中所面臨的各種刺激，例如花草樹木、江河田野等，對兒子而言都是新的刺激，也是新鮮的學習資料。所以聞第一次見到的花香、看著樹木的枝葉都能創造新突觸，並產生神經傳導物質。

**第二，執行兼具全身運動及小型運動時，能讓兒子的大腦變聰明。**全身運動是指自由自在活動全身，以毫不猶豫奔跑、投擲球等類型的運動最具代表性。進行全身運動時，大腦會獲得新鮮氧氣的補充，可促進喜歡自在活動身體的兒子右腦發育。

**第三，兒子與父母一起享受揮汗運動的經驗也可促進大腦發育。**想到父母正在保護並關注著自己，也有助於維持兒子心神穩定。在這種平穩的心理狀態下，若和父母一起揮汗運動，大腦便能分泌 BDNF，當促進大腦發育的營養素分泌後，腦細胞之間的聯繫會更加穩固，也會對兒子的認知能力形成影響。

但並不是運動個一兩次後，大腦就會立刻發育好。大腦需要透過不斷的刺激強化突觸，以維持大腦持續發育的狀態。因此，即使是

小型活動也要持續且規律地進行。並不是一定要到運動場上活動才算運動，爬社區後山、和父母一起去買菜，一起提回家整理也都是能刺激大腦的運動。此外，在家裡和家人一起從事打掃、洗碗、洗衣等家事，或是和家人一起進行簡單的拉筋伸展也是很不錯的運動方法。

重點摘要

· 國小時期的兒子能藉由運動形成自我形象與自信。
· 國小兒子會透過運動分泌 BDNF，促進穩定的大腦發育與成長，並發展性格與學習能力。
· 為了國小兒子的大腦發育，須適當搭配全身運動和小型運動的進行，和家人一起享受揮汗運動有助於大腦發育。

chapter
05

# 容易成癮的大腦

有少許的片刻，我們會看著兒子每天成長的樣子而感到欣慰，但還是很常看到他的行為會想「唉，距離他要長大還很久呢」；哪一種樣貌的他才是真的？因為兒子的大腦特徵就是發育得比女兒更慢，光靠外表看到的樣子就判斷他已經長大了，那就言之過早了。父母必須謹記，**在確定兒子大腦能調節自身行為與情緒之前，必須持續教育及指導他們才行。**

兒子大腦有個絕對需要幫助的部分就是「遊戲成癮」，兒子的大腦具有更容易投入於視覺刺激的傾向，很容易沉迷於手機遊戲或網路遊戲。就算不玩遊戲，也有很多放不下手機的孩子，不管吃飯或睡前，都會不斷看著手機。這種手機成癮也是最近國小生所出現的問題之一，成癮是只要一沉迷，就會持續渴望更強烈的刺激，是很危險的狀態，所以「唉唷，男孩子玩點遊戲又怎樣？」的想法，可能會因此毀掉兒子的大腦。

拜文明發展所賜，形成一個能輕易購入智慧型手機、電腦、平板的社會，每個人都至少有一項電子產品。不管是在地鐵或餐廳，每個

人都沉迷於一個巴掌大的裝置，這也是非常稀鬆平常的日常態樣了。只要有一點空檔，就會習慣性打開智慧型手機開始玩遊戲，連大人都這樣了，更不用說小孩子了。如果一個正處於吵鬧年紀的男孩子會緊閉嘴巴，安靜做些什麼事，十之八九是在玩遊戲。

觀察兒子沉迷的遊戲可發現，多半是角色會拳打腳踢、使用各式各樣武器殺人獲得高分的遊戲。遊戲過程中還會聽到那種令人擔憂「讓孩子聽到真的沒關係嗎？」的尖叫、槍聲或髒話，讓孩子玩這些遊戲真的可以嗎？

## 男生各種容易成癮的行為

觀察韓國的文化特色可發現，社會對於男人相當寬容。即便男孩子拳腳相向或髒話連篇，也有很多大人會說「男生們長大了都會這樣」，所以就算他們出現比較粗魯或暴力的行為，也常會有「等他懂事了就會變好」的樂觀想法，但這真的如同大家所想的，都是一些會過去的成長過程而已嗎？

從腦科學的觀點來看，這種帶著玫瑰色泡泡的想法是錯誤的。因為處於兒童期的孩子正在發育，依據他們體驗過的環境或刺激，成長結果也會有所不同，所以必須特別注意。

用一句話說明兒童期的兒子大腦發育狀態，可說是處於所謂的關鍵期（Critical Period），是發育得最好的時期，也是奠定性格與學習能力基礎最好的時機。

兒子大腦在關鍵期階段可說是進入敞開發育之窗的狀態，打開窗戶進行換氣等同處於無論何種刺激都能輕鬆接收的狀態，所以更容易

受到刺激，學習過的內容也不容易忘記。

不易遺忘，在關鍵期接觸的刺激或學習就是所謂的「烙印」，也可說是擁有最佳學習條件，適合發展性格與學習的狀態。這種發育狀態從另一種層面而言，也可說是擁有敏感期（Sensitive Period）的特徵。打開窗戶雖然能引入空氣，但也容易讓灰塵或各種有害物質進入。很難只讓兒子處在好的刺激和良好環境中，而是隨時隨地都可能接觸到有害刺激與環境。通常這種時候提到的有害刺激多半是指成癮問題，以前面所提的遊戲、髒話等言語暴力就是代表性例子。

再加上兒童期的兒子大腦還沒發育完全，不能明確辨別環境與刺激，也尚未形成不受有害刺激影響的調節與控制能力。需要特別牢記的一點是，就讀國小的兒子大腦中，負責自行判斷並做出合理選擇的額葉仍處於未成熟的狀態。因此，為了兒子良好的大腦發育，大人必須給予智慧且賢明的指導，若有必要也得進行強力管教。

**如果將兒子的問題視為男孩子成長必經過程而加以放任，兒子可能會過於容易接受有害刺激，深陷其中無法自拔，如此一來，會讓兒子一輩子都要付出慘痛代價，而最嚴重的代價就是大腦受損**。相反地，若提供正在發育的兒子大腦正向刺激與經驗，兒子大腦會受這些刺激與經驗影響而有花開綻放般的成長。


# 攻擊性是兒子本能

養兒子和養女兒的家庭常有截然不同的氣氛，活動力差異是最主要的原因。活動性高、容易興奮又必須活動身體的兒子是光在旁邊看都讓人覺得亂糟糟的狀態。曾經聽說家裡只有兒子的媽媽，某天拜訪

家裡只有女兒的家庭時倍感震驚的趣事。剛好女兒的同性友人來家裡一起玩耍吃飯，每個人都非常乖巧，也都乖乖坐在原位吃飯。我記得那位朋友還開玩笑說，這種狀態對於養兒子的家庭而言可說是夢想餐桌，這也說明了養女兒和養兒子的日常可能會在這些小事呈現截然不同的風貌。

好動又需要活動身體的兒子會有這種行為，可說是受到進化歷史的影響。男性從原始時代起就負責狩獵，為了抓住獵物必須跑上跑下，攻擊獵物，飛撲或翻滾。在達成目標後，男人和家人們一起圍坐分食獵物，以儲備下次狩獵機會的能量。

為了履行男性的職責，男性大腦也因此結構化，最顯著的一點就是興奮性神經網絡的活化。為了獵捕比自己巨大又快上數倍的禽獸，男性需要進入更加興奮且攻擊性的狀態，能幫助他們進入此種狀態的就是興奮性神經網絡。要活化興奮性神經網絡，最關鍵的角色就是多巴胺。希望大家都能明白，男性需要在這種興奮性神經網絡與多巴胺分泌後，才能夠變得安定。

興奮性神經網絡和多巴胺的分泌一直被視為支配男性大腦的主要特徵，在現代生活中，男性越來越缺乏像原始時代能進行狩獵及表現攻擊性的機會。即便仍處於成長階段，**兒子也與成年男性擁有相同特徵。在外面跑跳活化興奮性神經網絡及分泌多巴胺的經驗越少，就會累積越多的攻擊性，如果又接觸到遊戲或髒話等表現出攻擊性行為的刺激，就會因為這些刺激而持續處於興奮狀態。**為了不讓擁有攻擊性和過多能量的兒子大腦陷入成癮，第一步就是尋找能讓兒子健康釋放這些能量的方法。

# 兒子大腦的天敵——
# 遊戲、手機成癮

針對青少年使用手機狀況進行問卷調查的結果顯示，男學生最常使用手機玩遊戲，女學生則是和朋友聯絡聊天為主。容易被有絢爛破壞性視覺刺激迷惑的兒子大腦，今天也因為文明發展而默默付出代價。

## 遊戲成癮受損程度等同於毒品成癮

大人最容易成癮的類型中佔比最高的是賭博，賭博成癮是指雖然當事人理智上明白自己失去金錢的機率很高，但不管再怎麼節制都難以抑制衝動，反覆地進行賭博行為。沉迷於賭博會因為想體驗興奮感，而不顧行為是否合法；要是不讓他賭博就會表現出不安焦躁，難以掙脫。

兒子如果沉迷於遊戲，也會出現和賭博成癮相同的症狀。不玩遊戲時會滿腦子都在想著遊戲，為了玩遊戲還會跟父母說謊，不去上學，嚴重時甚至還會偷錢。最大的問題是，沉迷於遊戲的兒童及青少

年比例正在逐漸攀高。

觀察遊戲成癮的兒子行為特徵發現，他們會偷偷玩遊戲到很晚不睡覺，進而晚起床，這種狀況持續反覆，會失去調節時間的機能，即使坐在教室裡，也會滿腦子都在想遊戲，最後會因此離開學校，更嚴重的是受戒斷現象影響而出現的暴力性。如果父母不准孩子玩遊戲，就會無法調節情緒，出現暴力性言語及行為。

**更令人衝擊的事實是，沉迷遊戲的孩子大腦和毒品成癮的成人大腦狀態是一樣的。**羅徹斯特大學（University of Rochester）雷恩（Richard Ryan）教授團隊發表的研究結果也證實了這點。他們拍攝一星期玩遊戲長達二十小時以上的兒童大腦，發現他們大腦受損部位與因毒品成癮的成人大腦相同。

毒品成癮的成人大腦中，位於右眼內側的眶額皮質受損，眶額皮質負責調節情緒及進行合理判斷與做決定等功能，長期吸食毒品導致眶額皮質受破壞，進而導致難以思考、判斷及調節情緒。而遊戲成癮

─────────── **網路成癮者大腦縮小的部位** ───────────

1. 從中間切開的大腦　　　　　　2. 切掉外圍的大腦

前額葉的輔助
運動大腦皮質
負責運動機能

額葉的前扣帶皮層
負責判斷、決定、
賦予動機

背外側前
額葉皮層
負責記憶、意志
行動

小腦
負責均衡感
覺、學習

眶額皮質
負責處理情緒

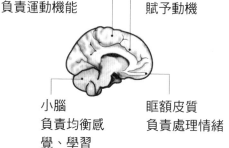
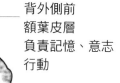

的兒童大腦中，眶額皮質也同樣出了問題。

額葉如果有問題，除了無法正常思考，也會變得無法區分現實與畫面中的虛擬世界。因此才會發生將遊戲中的暴力行為投射在現實生活中，導致悲劇發生。另外，也有因遊戲成癮導致大腦構造改變的研究，根據世界級權威醫學期刊《PLOS ONE》所發表有關遊戲成癮的研究結果，一天玩網路遊戲長達十小時以上的十八位大學生，以及只玩不到兩小時遊戲的十八位大學生大腦拍攝結果顯示，負責思考能力、認知機能與調節情緒等，掌管人類大部分能力的前額葉有縮小的趨勢。

請務必記得，在網路上玩任何遊戲都有成癮性是已被證實的事實，最重要的是，因為孩子負責自己控制與調節的能力尚未發展完全，父母的制止與指導是必要的。


# 爆米花頭腦　手機成癮性高於菸酒

智慧型手機是很偉大的發明，將偌大的電腦縮小成人類手掌大小，讓人類的生活變得更加便利，但根據最近韓國資訊化振興院的調查結果顯示，手機成癮者中最高比例的是國小生到十幾歲的青少年。

我們周遭也很容易見到沉迷於智慧型手機的孩子，不管吃飯或上廁所，無時無刻都不能離開手機。覺得玩得太誇張而拿走手機不准他們使用，甚至會出現令人震驚的劇烈反應與憤怒。

有很多人都只把智慧型手機視為日常生活中必要的工具，但對於成長中的兒童而言，這並不是太好的物品。美國芝加哥大學威爾海默・霍夫曼（Wilhelm Hoffman）教授團隊與哈佛大學約翰・雷蒂（John J. Ratey）教授進行手機成癮性驗證研究。他們的研究成果顯示，**智慧型**

手機比香菸、酒的成癮性更高，特別是對兒子會有更強的成癮性，原因如同前面所提，立即性的反應、閃爍的視覺刺激等會讓兒子大腦分泌多巴胺，進而萌生快感。

更嚴重的是智慧型手機的副作用，雖然大多數媽媽都覺得自己的兒子還不到手機成癮的程度，但這並不是可以大意放心的問題，研究在一天使用四到五小時智慧型手機的兒童中，有多數處於患有注意力不足及過動症的風險，或是已有類似症狀。

美國華盛頓資訊研究所大衛・利維（David Levy）教授將這種大腦狀態稱為「**爆米花頭腦（Popcorn Brain）**」。**長時間使用智慧型手機的人注意力不足，通常只對強烈的刺激，也就是只會對類似爆米花那樣砰砰炸開的刺激有所反應。**實際拍攝手機成癮的兒童大腦，要他們隨著固定頻率閃爍的燈光及聲響拍手時，他們對於燈光或聲音的大腦反應速度非常慢。

此外，智慧型手機的快速也大幅超出兒子大腦的資訊處理速度，因為跟不上速度，專注力及注意力下降，最後也會對認知機能與思考能力產生影響。

# 我兒子是手機、遊戲成癮嗎？

## § 手機成癮自我診斷法 §

　　以下問題可診斷常玩遊戲的兒子是否已經成癮，請兒子和父母各自填答後，比較雙方的答案。

1. 玩遊戲的時間好像越來越長。
　　□ 是　　□ 否

2. 如果不玩遊戲會感到不安焦躁。
　　□ 是　　□ 否

3. 不玩遊戲時會一直想著遊戲。
　　□ 是　　□ 否

4. 如果父母或其他人不准玩遊戲會動怒。
　　□ 是　　□ 否

5. 實際遊戲時間常超出原本說好的時間。
　　□ 是　　□ 否

6. 常為了玩遊戲放棄睡眠。
　　□ 是　　□ 否

7. 雖然覺得會因為遊戲危害身心健康，但還是沒辦法不玩。
　　□ 是　　□ 否

8. 每當憂鬱或不安，除了遊戲以外，想不到其他事情排解。
　　□ 是　　□ 否

9. 如果因為遊戲沒做該做的事，會很討厭自己。
　　□ 是　　□ 否

10. 曾經因為玩遊戲而不吃飯或忘記上廁所。
　　□ 是　　□ 否

**結果**

以上若有七題回答「是」，有高機率為遊戲成癮，五題以上者也包含於高
危險群內。

### § 手機成癮自我診斷法 §

　　以下由韓國資訊化振興院開發，係為診斷是否為手機成癮的問答。可
由子女親自回答，也可由父母依據從旁觀察時的狀況進行填答。

1. 因為過度使用手機導致在校成績低落。
　　① 完全不符合　② 不符合　③ 符合　④ 完全符合

2. 比起和親朋好友相處，更享受使用手機。

　　① 完全不符合　② 不符合　③ 符合　④ 完全符合

3. 如果無法使用手機，會很難忍受。

　　① 完全不符合　② 不符合　③ 符合　④ 完全符合

4. 雖然曾經嘗試減少使用手機的時間，但失敗了。

　　① 完全不符合　② 不符合　③ 符合　④ 完全符合

5. 因為使用手機導致原先計劃的事、讀書、作業或補習難以執行。

　　① 完全不符合　② 不符合　③ 符合　④ 完全符合

6. 無法使用手機會有失去全世界的感覺。

　　① 完全不符合　② 不符合　③ 符合　④ 完全符合

7. 如果沒有手機，會坐立難安，感到焦躁。

　　① 完全不符合　② 不符合　③ 符合　④ 完全符合

8. 可以自行調整使用手機的時間。

　　① 完全不符合　② 不符合　③ 符合　④ 完全符合

9. 曾因為太常使用手機而受到指責。

　　① 完全不符合　② 不符合　③ 符合　④ 完全符合

10. 沒有手機也不會感到不安。

　　① 完全不符合　② 不符合　③ 符合　④ 完全符合

11. 使用手機時，即使覺得不該再用了也無法停止。

　　① 完全不符合　② 不符合　③ 符合　④ 完全符合

12. 曾因為使用手機時間太長，被親朋好友抱怨過。
    ① 完全不符合  ② 不符合  ③ 符合  ④ 完全符合

13. 使用手機並不會妨礙目前的課業。
    ① 完全不符合  ② 不符合  ③ 符合  ④ 完全符合

14. 不能使用手機會陷入恐慌。
    ① 完全不符合  ② 不符合  ③ 符合  ④ 完全符合

15. 長時間使用手機這件事已成為習慣。
    ① 完全不符合  ② 不符合  ③ 符合  ④ 完全符合


**計分方法**

・第 8、10、13 題回答
　① 完全不符合／ 4 分
　② 不符合／ 3 分
　③ 符合／ 2 分
　④ 完全符合／ 1 分。

・其他題目回答
　① 完全不符合／ 1 分
　② 不符合／ 2 分
　③ 符合／ 3 分
　④ 完全符合／ 4 分。

**結果**

- 總分 45 分以上：高風險使用者

   因使用手機導致日常生活出現嚴重障礙，但已產生耐受力及戒斷現象。人際關係大都透過手機完成，會做出非道德的行為與過度樂天的期待，同時表現出對特定應用程式或功能的執著傾向。在現實生活中也習慣性使用手機，時時刻刻都需要手機，否則會感到難以支撐。因為使用手機導致無法繼續學業與維持人際關係，本人也覺得自己是手機成癮。

- 總分 42～44 分：潛在風險使用者。

   相較於高風險使用者，雖然症狀較輕微，但已對日常生活造成影響，使用時間已超出必要時間，也會開始執著。可能在學業產生狀況，心理感到不安，但大部分人都認為自己沒問題，須留意手機成癮。

- 總分 41 分以下：一般使用者。

   大都沒有手機成癮的問題，心理、情緒或個性也沒有特別問題，認為自己可以控制及約束自身行為，但兒童及青少年仍須特別針對手機成癮問題進行管理與注意，建議最好要持續檢查手機使用習慣是否異常。

# 拯救成癮的大腦

　　十歲左右的兒子大腦雖然處於容易受有害刺激影響的發育狀態，但也因為高度柔軟性的發育之窗敞開，錯誤刺激和突觸連結網絡也可能獲得修正，現在起，就來了解如何拯救深陷成癮的兒子大腦吧。

## 接近大自然、運動　降低成癮的機率

　　沉迷於遊戲或手機的孩子因為成癮而痛苦，身為家人的我們也會因此而感到焦急；**若要在這些孩子身上找尋共通點，就是他們獨處的時間都很長。那些沒有同儕朋友的國小生通常都受到排擠，或因個性消極而交不到朋友；和很多人相處時常會感到不安，在這種狀況下，也相對容易沉迷於手機或遊戲。**

　　男孩子的朋友圈都以遊戲為中心，常常出現必須跟著玩遊戲的狀況。這跟吸菸男性自己雖然有想戒菸，但在公司裡，組長常在抽菸時間告知重要情報，所以也沒辦法戒斷的狀態類似。

為了保護兒子大腦不受遊戲、手機成癮的破壞，最需要特別注意的就是環境。為了不成癮，物理性遠離手機和遊戲，打造出可以遠離手機的環境是很重要的。

首先，多與家人在大自然環境中活動。從獵人大腦開始的兒子大腦，在大自然裡可能才是最自然的。需要大家一起付出努力，和家人一起有意識地待在沒有手機和電腦的自然環境中。不要一味叫兒子遠離手機和遊戲，而是在前往大自然時，全家一起不看手機會更好。在新鮮空氣中跑跳，擁有觀察自然的時間，兒子大腦的能量也會健康釋放，進而遠離遊戲與手機。

第二，幫助兒子在現實生活中尋找樂趣，必須誘導他們在呼吸、說話、活動的實際空間裡可以從事的活動。和父母相處時間太少或家庭不睦的孩子可能產生憂鬱症、交友問題、學校適應問題或課業落後問題，如果無法適切處理這些問題，他們有很高機率會沉迷於虛擬世界。

沒有直接解決問題能力的孩子，在面臨難以承受的痛苦時，會去尋找能讓他們忘卻痛苦的東西。因此，如果兒子持續遇到某些問題，必須確認他們有沒有能敞開心房傾訴的對象，在他們遇到壓力或心情痛苦時，讓他們及時得到協助。尋找能讓兒子在心情難過時，可以享受且投入其中的興趣或活動更是個好辦法。

第三，如果讓兒子運用自己的身體，在現實空間中進行能消耗能量的活動，就能大幅降低成癮的機率；譬如打籃球、踢足球等激烈的運動，反而會讓大腦變得更加冷靜，也會減少想使用手機或網路的欲望。

若是十歲以下的子女，禁止他們使用手機就能擺脫成癮問題，就算出現難以承受的戒斷現象，只要撐過三週，進行其他休閒活動或是運動，就能擺脫成癮。

# 為了大腦健康的家庭守則

為了保護兒子大腦不受成癮影響，建議制定家庭守則。雖然也需要父母嚴格的管教，但也非常需要兒子必須遵守的例行性家規。

為了兒子大腦健康的家庭守則：**第一，把電腦放在家裡的公共空間**。遊戲成癮的孩子共通點之一是他們房間裡有個人電腦，走進房間，自己鎖上門，孩子就能擺脫父母的管制，更容易沉迷於攻擊性及暴力性高的遊戲。因此，要灌輸電腦是全家一起使用的公物觀念，建立當子女要使用電腦時，父母能自然在旁邊觀察使用狀況的環境為宜。

**第二，建立使用手機的規則**。訂定回家後，全家都不能使用手機，必須把手機放在餐桌或全家人的手機保管箱的規則並加以遵守。要求在父母與子女對話時不能使用手機，或是在家不能出現沉迷於手機或電腦的樣子，建議使用手機的規則比任何事情都來得重要。

**第三，父母的決心**。在與處於成癮狀態的兒子家長諮商時，大部分的父母都會受孩子擺布。如果搶走手機不准孩子玩遊戲，會因為害怕子女表現出來的暴力與攻擊性行為而無法強力堅持，子女們都會利用父母的心軟，孩子們深知，只要自己生氣爆炸，父母就會聽自己的話。

請不要忘記，家庭的中心應該是父母，而不是子女。灌輸還沒有控制能力的子女正確觀念與價值並引導他們的人，正是父母。當子女做出不當行為，必須以有權威且強力的態度糾正他們的錯誤，如此一來才能成長為健全的大人。

- 國小兒子大腦處於敏感時期，容易受有害刺激影響。
- 國小兒子大腦容易遊戲成癮、手機成癮，這與藥物成癮的狀態一致。
- 為了兒子大腦的健康，比起遊戲和手機，應當多和家人在大自然環境中度過，提供健康的刺激。
- 為了國小兒子大腦的健康，應建立家庭使用 3C 產品的規則並加以遵守，需以父母為中心，努力建立家庭的氛圍與價值。

# 從程式教育中拯救兒子大腦

數位原住民（Tech Native）是指，打從出生開始就必須與電腦、手持裝置、網路等物品一起共存的孩子，這句話也表示，我們的孩子處在容易沉迷於遊戲、網路及手機的環境。但又不能讓孩子生活在完全阻斷這類科技產物的環境，作為父母是不能袖手旁觀的。

最近有人提出能解決父母此類擔憂的辦法，並分享能健康享受科技的可能性。這對機械和遊戲方面有著天賦及興趣的多數兒子而言是個好消息，那就是所謂的程式（Coding）教育。

程式教育就是學寫電腦程式的意思，很多人覺得電腦程式只有專家才有辦法寫，但其實寫程式就像堆積木一樣，使用及組合必要的電腦程式語言，每個人都能輕易寫出電腦程式，也就是軟體。

包含美國在內，先進國家早已切身感受程式教育的必要性，在國小到高中的正規課程中，已開始教授電腦程式開發及營運相關課程。因為他們認為這與使用國際語言英語相同，能用電腦程式語言與任何人溝通，且活用程式的職業也將持續增加。

實際上，透過程式教育開發電腦程式的學生，是透過研究電腦語言，進行有邏輯的思考並提出創意，提升解決問題能力。

程式教育，是擁有兒子大腦可能喜歡的所有要素，右腦發達的兒子喜歡機械與視覺刺激，擅長空間推理能力與想像力，因此，能發揮

這些長處的程式教育，可視為能守護兒子大腦不受成癮所苦的健康方法。

　　韓國也在企業的支持下，在國小課餘時間舉辦程式教育班，未來創造科學部也會舉辦軟體教育營，提供程式語言課程。

# 配合大腦學習傾向
# 的讀書方法

　　我讀國小的時候好像從沒感受過必須用功讀書的壓力，放學回家就跟朋友在社區裡集合玩耍，夕陽西下時，巷弄裡充滿著各家媽媽們大喊「不要玩了，回家吃飯！」的聲音。但依然意猶未盡的孩子們，火速吃完晚餐後又會重新集合，在社區的各個角落玩耍，直到深夜才回家，真的是玩得夠認真了。

　　但我們的孩子現在似乎過著非常不一樣的生活，有很多該做的事情。有時候看著孩子坐在書桌前，埋首於用功讀書及作業的模樣，也會覺得非常心酸。

## 萬般皆下品唯有讀書高的社會壓力

　　相信有兒子的媽媽也跟我有相同感覺，搞不好還比我更感壓力。畢竟韓國社會的觀念或文化中，認為男人就必須擁有一個能穩定賺錢的職業，女性的社會參與雖然也有增加，但依然把經濟重擔都放在男

性身上，要培養出一個能好好賺錢養家的男人，教養兒子的父母肯定也對這股壓力特別有感覺。

幾乎所有父母都會在就學中尋找人生起點，因為他們覺得要好好讀書才能進好大學，才能擁有一個體面的工作或職業。

我想到最近碰到一個兒子已經讀高中的媽媽，她的兒子從小就按照父母的安排，認真補習，認真讀書。雖然這對國小生實在有點過分，但孩子也沒吵鬧，乖乖聽話遵從，所以，父母由衷期待他能一路平安順利的進入好公司上班。

但孩子進入高中後，原本以為他會認真準備升學考試，但突然變得要他讀書就會嫌煩，開始放棄課業。這位媽媽訴苦，已經長大且無法打罵，但也很難說服連書都不想看一眼的兒子好好讀書，覺得每天都像是痛苦的延續。

我能理解兒子的心情，但站在教養子女的立場，我也能理解媽媽的不安與焦躁。可是從腦科學觀點來看，為了國小兒子的課業，父母該做的應該是讓孩子培養與讀書相關的習慣，而不是一味要他們讀書。長遠來看，這比多上一個補習班、多解一道題更重要。

基本上，大腦發育是透過反覆學習而來，反覆學習可生成突觸，在大腦內形成迴路，進而與智力連結。其實讀書也是這樣的簡單循環，預習、學習、複習、熟讀！抓著大人的手，從小就補習和讀書的孩子大腦只是受外部力量啟動，把學到的東西熟讀內化成自己的東西，但這個連結過程非常薄弱。這所造成的問題會在青少年時期開始顯現，負責調節自身情緒，設計未來的額葉還在不成熟的狀態，卻有滿滿的性荷爾蒙，所以他們再也不會完全遵照大人指示去做，而是跟著情緒的指引行動。

要讓兒子持續讀書，他們需要的絕不是什麼昂貴的家教或上很多

補習班，而是要讓兒子養成能自主學習的習慣。為了學習及指導自主讀書的習慣，理解兒子大腦發育的特徵很重要，根據合乎兒子大腦擁有的傾向規劃，才不會讓兒子排斥學習。

## 配合大腦學習傾向　調整讀書環境

原始時代起，男人就開始狩獵並進化，大腦也擁有適合狩獵的發育特徵，所以比起那些慢條斯理說話的人聲，他們會對動物或事物的聲音有更及時的反應，也因為要不斷搜索哪裡有獵物，視覺會比聽覺更加發達。

有兒子的媽媽聲音會越來越大的原因也在這裡，一般來說，兒子大腦不容易專注於聽覺刺激，如果沒有喊得特別大聲，他們不會有太大反應。所以正確了解兒子大腦的發育特徵與傾向，對於引導兒子讀書是不可或缺的。

為了理解兒子大腦發育的傾向，比較男女性大腦時會發現，男性集中發育與時空間相關的右腦，也就是說，**他們的大腦更熟悉於不管任何事物，都會對眼前看到的先有反應並加以處理**。這種大腦發育特徵在國小階段就能明確看出差異，所以男孩在閱讀和口說方面都比女孩落後，閱讀障礙的機率也明顯更高，這是因為閱讀和口說都與聽力有關，為了學會說話，要先認真聽別人說話並模仿學習，一開始教孩子說話時，要連同嘴型和聲音一起展現，**但因為男孩的聽覺皮質不像女孩發達，所以會緊盯著說話者的嘴型，但不太聽聲音，也因此才會沒有太明顯的語言發育。**

進入國小後也不會有差異，上課時，如果搭配圖卡或影像展現新

的學習資料，或變換場面時，兒子都會很安靜。但如果老師只靠講解授課，他們很快就會因為分心而被老師罵。這就是兒子大腦的傾向，因此，如果只用現有講授的方法教導他們，是不能期待他們的語言發育及出現優異的學業成績。

為配合兒子大腦的學習傾向，美國心理學家黛安・麥吉尼斯（Dianne McGuinness）提出的指導方案是個很有創意的方法，那就是在教男孩子閱讀時必須活用視覺。

她將要閱讀的資料分給男女學生，並要求大家把包含字母 S 的字圈起來或畫底線標記。在這個實驗中，男學生的完成速度明顯比女生快上許多，因為這個指令包含了視覺要素在內。第二個任務則出現截然不同的結果，她給學生聽好幾段文章及單字，接著要孩子們找出包含字母 S 在內的單字時，卻發現女學生比男學生以更快的速度完成，因為這個指令包含的是聽覺要素。

**此外，視覺皮質發達的兒子大腦適合在明亮的環境中讀書**，因為光線越暗，他們會越難用視覺獲得資訊，更容易讀書讀到一半就分心，所以把兒子的書房或學習場域布置得明亮一點會更有成效。

從這些研究結果來看，目前只能乖乖坐在教室裡，純粹聽老師講課的學習環境，對兒子大腦而言可能是相當痛苦的。如果繼續在忽略大腦發育傾向的狀態下讓他們讀書學習，站在兒子的立場就會覺得讀書很無趣，這也是理所當然了。


## 兒子大腦適合沉浸式的體驗學習

不知道從什麼時候起，會感覺到兒子把媽媽的擔憂和擔心當成一

種嘮叨，有時候會覺得他們把媽媽的話當耳邊風而讓人很生氣。相較於女兒，會覺得兒子更難溝通也是事實。難溝通的理由出自他們的語言中樞，和身為女性的媽媽的發育傾向不同。

一般來說，男性擅長數學、科學、駕駛、停車、看地圖等，而女性則在國語、英語、辯論或寫作等展現出更好的能力，這是事實嗎？

為了驗證男女性大腦差異，美國心理學家朱利安・史丹利和卡蜜拉・本鮑博士花費長達十五年的時間，針對數學與科學領域的優秀孩子進行研究。研究結果顯示，擅長數學的女學生人數比不上男學生，當然女學生中也有像男學生一樣擁有優秀數理能力的人，但從人數差異來看，男生佔比是有絕對性優勢。

研究男女大腦差異的安妮・莫伊爾博士在她的著作《腦內乾坤》（Brain Sex）提到，男性的右腦比左腦優先且集中發育，所以才會出現男女擅長領域有別的狀況。

右腦除了處理象徵、圖畫及事物的能力，還會根據直觀進行即興思考，處理非語言線索，能立體活用空間的能力等，所以男性在處理事物會比處理人更加擅長，比起語言使用，對於非語言的行動更感到自在，對找路或停車也不會感到困難。

**擁有男性腦的兒子，比起人的聲音或建立關係，兒子大腦對於玩具和物品等事物更有興趣，也更喜歡建立或堆積。相反地，要他專心聽別人說話或說明並理解會感到困難，就算專心聽了，也沒辦法維持太久。**

右腦更加發達的兒子大腦更適合透過經驗學習，**為了那些在教室聽講理解而痛苦的兒子大腦，應該和父母一起去進行包含教科書部分內容在內的沉浸式體驗，去相關場所或相關主題旅行更有幫助。**比起單純用文字理解國小高年級的歷史文化內容，帶兒子去歷史遺址、博

物館、相關背景地點等實際體驗，會讓兒子對學校課業產生興趣，也能讓兒子疲憊的大腦感到快樂。

另一個方法是製作和故事相關的物件，例如讀了三國時代的故事後，可和兒子一起製作瞻星臺、廣開土大王碑、彌勒寺址石塔等，想像自己成為當時的歷史人物去製作這些文物，也不失為一個好辦法。

## 設定目標的競爭學習

睪酮素和多巴胺很多的兒子大腦，大部分都會在發生問題時用爭執解決。舉例來說，如果要兩個人分著吃麵包，肯定會為了讓其中一個人吃更多而決出勝負，但這也不是一定要有人透過競爭勝出的意思，**只是先天喜歡競爭的兒子大腦為了提升學習動機，需要建立目標及確認是否達標的過程。**

但也不用因為兒子喜歡競爭，就擔心他們和朋友處不好該怎麼辦。**因為兒子喜歡事物的右腦更加發達，理性與感性是分很開的。意思是說，他們就算會和朋友競爭，但競爭是競爭，友情是友情，是能夠個別看待的；雖然可能會介意又難過個一兩天，但也不會維持太久。**

這是他們和女兒大腦最大的差異，女兒除了更喜歡人，左右腦是同時發育的，所以很常把理性和感性混在一起。因此如果她們要和好朋友競爭，常會有連友情也發生問題的狀況。也可能因為這樣，從女生的立場來看，男生的友情看起來更加單純且幼稚吧。

美國心理學家邁克爾·古賴安（Michael Gurian）以美國國小學生為對象，進行學習效果有關的實驗，並發表有趣的研究結果。對讀書不感興趣、動機不足的學生中有八成是男學生，讓這些學生產生學習動

機的方法之一，**就是活用競爭**。

競爭不一定要有對手，對男學生而言，可以運用「五分鐘內解決一頁數學題」這類有時間限制的目標；或可以用「比昨天多讀五分鐘的書」這種每天更新自身紀錄的自我突破方法，都很有效果。

請常對天生就喜歡競爭的兒子大腦說，你們並不是「為了贏別人」、「為了存活」而競爭，是為了克服自己的極限，為了強化自己的優點才競爭。**為了贏其他人而競爭的觀念可能會讓兒子感到過度緊張或不安，而過度緊張與不安往往是毀掉兒子大腦的捷徑。**

# 用學習馴服冒失的大腦

理察‧賴特（Richard Wright）教授針對匯集眾多學霸的美國常春藤大學學生進行讀書習慣的研究，並在過程中找到他們的共通點，那就是所有學生都有最適合他自己的讀書習慣。就像每個人長相和個性都不一樣，比較容易專心讀書的時間以及適合的讀書方法，當然也都有所不同。

**重點在於要找到最適合自己的讀書方法並將它習慣化，讀書習慣是能有效率學習的一種模式，良好的讀書習慣在各方面都有益處。**

## 兒子需要導師

之前有個機會和有兒子的媽媽們聊天，在她們分享教育兒子所體驗到的育兒趣事時，我發現了一個共通點，那就是兒子都有很多的「發呆」時間；沒辦法安分待著，一直蠢蠢欲動想做些什麼，但又會在某個時間呆呆坐著。聊著這些的媽媽都覺得很無奈，因為她們實在

搞不清楚兒子到底在想些什麼。

　　研究只有男性才有的生物性、心理性特徵的美國心理學家邁克爾・古賴安聚焦於不同年齡層出現的男性面貌。國小男孩的特徵是發呆，之所以出現這種行為，是因為他們擁有與女性腦不同的構造。男孩大腦皮質的灰質（Grey Matter）比女孩還多，女孩則比男孩擁有更多白質（White Matter）。

　　接著觀察神經細胞元會發現，主要的神經細胞體是灰色，軸突則是白色的。神經細胞體負責資訊發生，軸突則將在神經細胞體內發生的資訊傳遞到下一個神經元。神經細胞體多的男孩大腦中，即便有很多資訊產生及活動，但並沒有移動或傳遞它，而是將它侷限於腦中的一部分，讓資訊停滯。

　　相反地，軸突較多的女孩大腦中不斷發生資訊傳遞及移動，所以處於資訊停滯狀態的男孩資訊沒有傳遞或連結，就會讓兒子大腦進入發呆狀態。

　　針對擁有這種大腦構造的兒子，為了讓他們的資訊不停滯並傳遞，必須賦予動機，刺激兒子傾注能量持續活動，也就是說，**他需要**

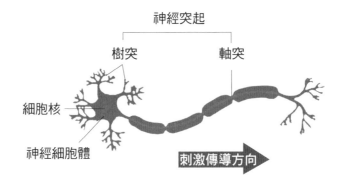

一名導師。導師可以是父母，也可以是兒子身邊比較親近的人。導師要做的就是不讓兒子陷入空想與發呆，幫助他的大腦持續活動。

　　另一件要做的事情是和兒子一起設定能讓他的精神動起來的對象或目標，並將為了達成目標所需要做到的事情羅列下來。因為兒子的大腦缺乏連結其他腦細胞的白質，要先確立他們傾注精神能量的對象並進行活動，才能開始交換資訊。相較於女兒，兒子的大腦需要更多幫助，這點也請務必牢記。


## 養成習慣需要花三個星期

　　為了讓兒子大腦形成有效率的讀書習慣所需的時間最短是三週，反覆執行讀書所需要的行為習慣三個星期，就表示能讓這個習慣變得跟吃飯睡覺一樣日常。那麼，要讓兒子大腦習慣讀書所需養成的習慣又是什麼呢？

　　國小時期需要的讀書習慣是時間管理、閱讀、筆記、帶書包等行為，因為孩子的認知能力、理解力、對未來的預測力等都是從國小開始發展。

　　但由於兒子大腦的灰質較多，要他們自主形成讀書習慣是有難度的，因為他們的大腦不會自己下達命令，建議兒子要透過導師的協助，將讀書所需的行為習慣化。而為了讓兒子大腦形成讀書習慣，首先要理解有關習慣在腦科學界的形成原理。習慣是指腦細胞之間形成連結網絡突觸，並自然反覆的狀態。**要形成能像日常行為一樣反覆出現的突觸，所需要的時間至少三週。也就是想形成不用特別意識也會去讀書的習慣，至少需要有意識地努力三週的意思。**

# 建立自主學習的讀書習慣

大家肯定都聽過「自主學習」，自己會積極主動去學習這句話是不是很有魅力呢？但很不幸的是，幾乎沒有能靠一己之力進行自主學習的兒子，要培養這種習慣也需要不斷的努力。

第一，就是練習與讀書相關的模式。有時候會看到國小生趴著或在電視機前吃飯寫作業的樣子，這是非常錯誤的行為。**重要的讀書習慣之一就是必須在固定時間及固定場所讀書，這樣才會形成能專心的腦細胞模式。**讀書最好要在自己的書桌，考慮到自身容易專心的時間，並在相同時段讀書。持續三週後，大腦就會形成要在相同場所及相同時間讀書習慣的突觸。

第二，擁有能刺激大腦的讀書習慣，**最好的方法之一就是發出聲音出來。**雖然這很難以置信，但處理語言刺激的左側顳葉能最輕鬆且自然接收的刺激，就是自己的聲音。再加上兒子的語言中樞比女兒遲滯，發出聲音閱讀也能刺激兒子的語言中樞。

此外，大腦在刺激反覆出現時，更容易記憶與儲存。因此，不是發出聲音讀出來就結束了，**最好還能用自己偏好的方法製作複習筆記，可以是類似心智圖的圖畫形式，也可以混雜兒子自己開發的暗號加以整理。**用這種方法歸納整理，也能讓兒子大腦反覆幾次學習相關內容。

第三，開始讀書前，**要盡量維持心情好的狀態。**如果培養兒子讀書習慣時採高壓的方式進行，這同樣也會成為習慣。所以必須注意不能讓兒子養成開始讀書前，必須要有父母的指示或責罵才會啟動的突觸。為了強化兒子的專注力，要在兒子讀書時，將電視、電話靜音，

用讓人心情變好的激勵開始讀書會更好。

　　這裡有個重點是，如果要求不容易養成讀書習慣的兒子長時間學習，反而會引發他對讀書的煩躁感，請務必謹記兒子的大腦並不是熟悉長時間久坐在固定地方讀書的；**建議兒子一開始養成讀書習慣時，可先觀察與執行「二十或三十分鐘專心」的模式，讓他們在這段時間發出聲音閱讀，結束後也要給予足夠的鼓勵，讓他們體驗正向情緒後，休息十分鐘後再反覆執行二十或三十分鐘的專心模式。**十分鐘的休息時間內最好要讓他們活動身體，這樣能讓兒子的大腦更加活化。

　　如果讀書時會一直起來走動的散漫兒子讓你很煩惱，也能給他一顆小球握在手上，讓他一邊摸一邊讀書，就可以減少他走動的行為。

---

重點摘要

- ·　為了養成讀書習慣，理解國小兒子大腦的特徵是很重要的事。
- ·　適合國小兒子大腦的學習方法，比起說話，更適合使用視覺刺激，以及包含行動在內的教育方法，誘導進行健康的競爭也很有效果。
- ·　國小兒子大腦要形成讀書習慣至少需要三週時間，必須持續努力維持三週以上的讀書習慣。

---

# 我是哪一種父母？

　　究竟我是兒子覺得親近的父母，還是充滿嘮叨的父母呢？來思考一下，自己對於兒子而言是什麼樣的父母吧。

1.　我很常在兒子講完話之前說我要講的話。
　　① 會　　② 不會

2.　我很常跟兒子說「絕對」、「一次也」、「一定」。
　　① 會　　② 不會

3.　我很常在跟兒子對話時，因為他的態度而訓斥他。
　　① 會　　② 不會

4.　我兒子好像不太相信我說的話。
　　① 會　　② 不會

5.　我很常無法理解我兒子的情緒。
　　① 會　　② 不會

6.　比起給兒子選擇權，我通常都是指示他。
　　① 會　　② 不會

7. 對於兒子耍賴或像小孩一樣行動時，我通常都會指責他。

   ① 會　　② 不會

8. 我兒子會在我出現時偷偷離開現場。

   ① 會　　② 不會

9. 我看著兒子常常覺得鬱悶。

   ① 會　　② 不會

10. 兒子都不專心聽我說話，感覺是沒靈魂的在聽。

   ① 會　　② 不會


**結果**

- 有 7～10 個「會」

  比起聆聽兒子說話，通常都會訓斥或常常嘮叨的父母。

- 有 4～6 個「會」

  雖然有努力要多聽兒子想說什麼，但行為跟不上心態，結果還是會嘮叨的父母。

- 有 3 個以下的「會」

  兒子不排斥把自己的想法說出來，會積極和兒子對話溝通的父母。

# 國小時期兒子
# 的教養指南

## 一、要時常與國小兒子對話

1. 兒子上國小後，睪酮素分泌增多，容易逃避和父母對話，或把媽媽說的話都當成嘮叨。記得多了解兒子的想法、他感受到的恐懼、不安及煩惱等，並從旁提供協助，平常要多累積對話。

2. 要成為和兒子親近且能對話的父母，平常就要了解自己是什麼樣的父母，是不是兒子不喜歡的嘮叨父母。

## 二、為了和國小兒子對話，必須牢記的指南

1. **聽完兒子要說的話**：因為兒子的語言中樞不夠發達，難以正確且簡潔表達自身想法。即使覺得很悶，還是要等兒子把自己的想法統統表達出來，兒子就能漸漸開始正確表達自己的想法及意見。

2. **責罵要簡短**：要盡量在短時間內只針對當下做錯的部分責罵，

罵太久容易連以前的過錯都拿出來講，會導致一開始覺得自己有錯的兒子漸漸出現反抗心理。

3. **看著彼此對話**：相較於女兒，語言中樞和聽覺皮質較不發達的兒子，常常沒辦法在只聽聲音的環境下專注，但如果讓視覺皮質相當發達的兒子大腦，能看著父母眼睛對話，會更容易仔細聆聽父母說的話。

4. **控制情緒說話**：因為國小兒子大腦的前額葉尚未發育成熟，父母必須成為調節情緒的榜樣。在滿腹怒火的狀態下責罵兒子或進行對話，可能出現充滿情緒的嘮叨，或變成拿兒子出氣的狀況，建議在情緒平靜後再進行對話。

## 三、讓國小兒子的大腦遠離遊戲

1. 為了拯救沉迷遊戲或手機的兒子大腦，最好要準確記錄兒子玩遊戲和使用手機的頻率，並盡量記錄以下內容：
   ① 玩什麼遊戲？玩多久？
   ② 玩遊戲或手機之前想了什麼？
   ③ 開始前，原本打算玩多久的遊戲？
   ④ 玩完遊戲或手機的心情如何？

2. 累積一定程度的紀錄後，玩遊戲或手機的兒子就有機會感受到自己可能有問題。

3. 如果遊戲、手機成癮太嚴重，盡早向專家求助是最有效的。時間越長，成癮症狀會越來越嚴重。

# ——兒童期篇——

**Q.** 我兒子今年小四，最近我只要聽到電話響就會心跳加速，因為我不久前才知道兒子在學校會罵同學髒話，甚至有時候還會大打出手。雖然我也看過他有時會因為不能玩遊戲或不滿意什麼事而生氣，但在學校會罵這麼難聽的髒話讓我備受衝擊，這種行為改得掉嗎？

**A.** 有兒子的媽媽們最擔心的事情之一就是罵髒話、攻擊性及暴力傾向。看到原本以為很乖巧又行為舉止端莊的兒子罵著非常難聽的髒話還不覺得怎樣的模樣，總會讓父母備受打擊。那兒子為什麼會罵髒話呢？

這可能是在男孩之間，為了不給他人「軟弱」認知的某種防禦方法。兒童期的孩子覺得同儕關係比父母更重要，對於在朋友眼中怎麼被評價與看待也十分敏感。為了不給朋友自己很弱或容易被動搖的印象，男孩子最容易使用的方法就是罵髒話和表現出暴力行為。

另一個原因是他們調節及控制情緒的能力與技術尚未成熟，所以會使用髒話和身體動作。即便是兒童，兒子大腦中也會分泌和活動性

及攻擊性有關的睪酮素，而控制及調節激動情緒的前額葉尚未發展成熟，會用髒話或行為表現他們受到的情緒刺激。

也有可能是因為兒子自己累積很多火氣，還沒學到該如何用適當方法表達自己的情緒。兒子可能受睪酮素影響，在不自覺的狀況下出現攻擊性的行為或語言。但攻擊性與暴力性是兩回事，攻擊性是對某些刺激感到激動，甚至出現主動行為進行防禦；暴力性則是使用語言或行為，對某個人造成身體或心理上的傷害。某些大人會說「長大後都會改過來的」因而放任孩子說髒話及暴力性，但如果讓兒子太常罵髒話或展現暴力，兒子大腦也會產生改變。

依據英國語言專家艾瑪・柏恩（Emma Byrne）博士的研究，髒話與情緒有非常密切的關係，當感到火氣、憤怒、煩躁等情緒時罵髒話，就會在每次感受到這種情緒時，在掌管語言的左側顳葉形成與髒話有關的突觸。

與此類似的研究結果還有英國基爾大學心理學家理查德・史帝芬森（Richard Stephenson）博士的研究，他也主張罵髒話雖能暫時降低痛苦，但如果慣於使用髒話，反而會有更大的負面效果。罵完髒話雖然有種痛快感，但如果太常用，這種感覺會消失，只會滿腦子充滿髒話的資訊。實際上，首爾大學郭錦珠教授的研究團隊以國中生為對象，也發現常罵髒話的孩子，比起其他人語言表達能力相對落後。那該怎麼做才能改掉罵髒話或暴力行為呢？

如果在家庭看到兒子罵髒話或使用暴力行為，請記住不能生氣，畢竟我們也都有過怒火會帶來更多怒火的經驗。人類的情緒是很有感染力的，而且容易因旁人而助長，一旦對兒子生氣，負面情緒會更猛烈傳達到兒子身上。所以，碰到兒子罵髒話或使用暴力行為時，請找個安靜場所等情緒平復下來，再問他做出這種行為的原因。

就算兒子無法好好說明，也請務必耐心把兒子要說的話聽完。當他們熟悉透過說話表達，就會明白不該用髒話或打人的行為發洩，而是該用說話的方式表達。等兒子講完自己的狀況或情緒後，請用「原來如此，換作是媽媽（或爸爸）肯定也會心情不好」，或「我都不知道有這種事，現在知道了」來表示同理，並指導他「下次如果生氣或傷心，比起罵髒話或生氣，冷靜地說出你的心情吧，其他人也更容易理解。」。

**Q.** 最近因為剛升小三的兒子課業問題感到憂心忡忡。別人家的孩子或同儕都已經學完國小數學，開始上國中課程了，總覺得只有我兒子落後，也讓我感到焦躁。光要他寫一頁題目就要超過一小時，感覺也沒有真的理解數理概念，我看著他作答的題目問：「你是真的理解了才解題嗎？」他就會逃避或不回答我。我兒子到底是真的沒有讀書的腦袋，還是用錯方法呢？

**A.** 我想，包含我在內，應該有很多學生家長都有類似的煩惱吧？因為感覺別人家的小孩都懂，只有我家孩子不會而感到不安。
大部分的孩子其實都無法準確理解自己到底懂什麼，不懂什麼。所

以解過的問題會再解，不懂的問題就繼續不懂。明白自己懂什麼、不懂什麼又稱為後設認知（Meta Cognition），後設認知由額葉啟動，從國小開始緩緩發展，受學業成績相當大的影響。「我有沒有正確理解老師正在講的內容」、「我知不知道這題的正確答案」、「我有沒有考好」、「現在學的內容對我而言是簡單還是困難」等都和後設認知有關。

那要怎麼培養後設認知呢？為了讓子女擁有後設認知，需要讓他們知道「為什麼該學」。補習班只教解題技巧，由父母來分享「為什麼該學」會比較好。學運算的時候，可以先向子女拋出「運算會用在哪裡？是為了解決什麼問題而學？」的問題。針對兒子懂不懂的部分，比起隨便問「你懂這個嗎？」使用白板或大紙把相關內容用圖案、圖表、文字表現出來也會有成效，**請記住，能區辨自己到底是懂還不懂，就是後設認知的起點。**

第四部

# 被風暴席捲的
# 青春期兒子

青春期更能讓人明確感受到兒子本來就擁有不同的大腦構造，因為這也是兒子大腦開始正式進入男性化時期的時機點。

控制及調節情緒的前額葉，要在滿十八歲到二十幾歲時才會開始進行突觸修剪。換句話說，還沒完成突觸修剪的青春期兒子大腦，意味著他們無法自己處理情緒，必須先熬過漫長的青春期隧道，才能處理自己的衝動與攻擊性。

# 不定時炸彈，青春期大腦

　　原本只會在媽媽懷裡撒嬌的孩子突然變成另一個人的時期。會因為媽媽沒特別意思所講的話突然發火，用力關房門，還會就像聽不見一樣，不管問幾次都不回答的時期，就是青春期。

　　青春期子女的父母不管是兒子或女兒，都有不同的煩惱，但站在媽媽立場來看，有兒子的媽媽所面臨的問題可能更加棘手，因為母子之間的共識相對更窄。女兒至少和媽媽同性，就算進入青春期，也能出現「嗯，我在那個年紀也是這麼善變又憂鬱」的想法並同理她，但兒子的行為很常沒辦法讓人感同身受。

　　青春期更能讓人明確感受到兒子本來就擁有不同的大腦構造，因為這也是兒子大腦開始正式進入男性化時期的時機點。出現這種改變的原因在於荷爾蒙分泌和額葉的狀態。相較於兒童期，荷爾蒙分泌量以及無法執行功能的額葉在這時候會讓人產生截然不同的行為與心理狀態。

# 突發成長的青少年

我偶爾會和偶發犯罪的青少年進行諮商，聽完這些孩子的故事，大部分都是因為路上大叔的「指教」，讓他不由自主生氣，進而施加暴力的孩子、對不讓自己用電腦的父母使用暴力的孩子、同班同學取笑自己的身體弱點而揮拳的孩子等，很多都是因為無法忍受一瞬間湧上的憤怒而犯下的行為。

兒子大腦無法控制憤怒，進而導致不幸結果的原因主要可以分為兩大項。第一，就是**性荷爾蒙遽增**。能知道兒子處於青春期的線索就是第二性徵，他們會變聲、開始長鬍子，漸漸成長為接近成年男性的身材，導致這種改變的原因就是因為男性荷爾蒙睪酮素。睪酮素不只讓兒子的身體產生變化，也會讓兒子的大腦變得完全不同。兒童期雖然也會分泌睪酮素，但進入青春期後，會大幅增加分泌量且不斷湧出，讓兒子的情緒與心情就像搭雲霄飛車一樣七上八下。

能知道兒子大腦進入青春期的間接指標之一就是「**大叔味**」，兒子和兒子房間裡如果開始出現難以形容的難聞氣味，就表示兒子大腦現在已經被睪酮素支配。睪酮素分泌量多的時候，會讓認知判斷能力像被麻痺一樣，並引發出爆炸性的攻擊性與暴力性，所以也被稱為「攻擊性荷爾蒙」。

依據時間不同，兒子會從孩子、少年、青少年、青年，最後成長為成人。這是再自然不過也理所當然的成長階段，其中最劇烈的變化會發生在青少年期。青少年期的兒子會一夜長大，讓人覺得他似乎不是小時候那個在媽媽懷裡的孩子。但很遺憾的是他們只有身體變成大人，但大腦依然處於無法自己控制的不成熟狀態。

無時無刻不在分泌的睪酮素也讓父母非常頭痛，兒童期的睪酮素一天約分泌一到二次，進入青春期後一天會分泌高達五到七次，再加上每次的分泌量增加，所以**青春期男孩子血液中的睪酮素濃度，也比兒童期高出十倍以上**。原本很乖很聽話的兒子突然因為別人隨口一句話而動怒罵人，甚至揮拳相向的主要原因，就是因為睪酮素的濃度增加。

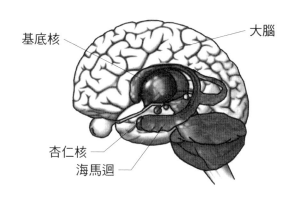

大腦

基底核

杏仁核

海馬迴

　　更精準地來說，睪酮素會刺激杏仁核發怒，杏仁核又屬於產生情緒並負責記憶的邊緣系統，躺在旁邊的 U 型部分就是邊緣系統，在邊緣系統下方的杏仁核長得像杏仁，與產生憤怒與恐怖情緒有關。當我們直視某個危險場面，杏仁核會產生害怕、不安、恐怖及憤怒等情緒，大腦會搭配這種情緒決定「要戰還是要逃」，並根據結論讓身體進入準備狀態。若因感受憤怒情緒決定戰鬥，肌肉會變結實，身體也會變得敏捷；如果因感受不安及恐怖情緒而決定逃跑，能量就會全部灌到腿上，讓人以驚人的速度奔跑。

　　杏仁核是睪酮素的受體，不，或許應該說杏仁核隨時都準備好要接受睪酮素。兒子大腦在小時候就會分泌睪酮素，即使被杏仁核吸收也不會出現爆炸性的憤怒反應，但在青春期遽增的睪酮素會填滿杏仁核，並延續到兒子表現出攻擊性與情緒爆炸的狀態。杏仁核是會同時

產生憤怒情緒的場所，如果讓情緒變得激動的睪酮素越多，也會讓杏仁核隨著吸收更多睪酮素而表現出更強烈的憤怒與攻擊性。

再加上被睪酮素填滿的杏仁核很容易對微不足道的一句話或一個行動感到興奮，如果兒子對跟平常沒兩樣的一句話出現與之前不同的反應，可以理解為兒子的杏仁核現在被睪酮素填滿了。


## 衝動失誤帶來的致命後果


我在諮商過程中遇到的一位國三男學生在讀國小時，是個會被取「小乖」綽號的溫和孩子。但在上國中時，他就爆發出連媽媽都很驚訝的憤怒。因為媽媽說的話覺得傷了自尊，或是對明明沒有在抨擊他的言語感到煩躁，甚至內心氣得牙癢癢，讓父母嚇到。

決定帶孩子來諮商的契機發生在剛升上國三的時候。某個星期六下午，兒子和朋友約好在網咖見面，正準備要出去，聽到媽媽問他不去補習要去哪裡的話，就開始感到不耐煩了。兒子一開始還壓抑地僵硬著說：「已經跟朋友約好了，所以我得去。」但因為兒子不聽話感到失望的媽媽又抓著他說：「你在家跟我好好談談吧，你最近到底是怎麼了？」這句話成為了引爆點。媽媽話都還沒說完，兒子就湧上無法抑制的憤怒，開始大罵各種髒話，甚至還傷害自己的身體。陷入恐怖與絕望的媽媽哭了好幾天後，就和兒子一起來找我了。

我最近也接觸到不少類似事件，對著一直取笑自己的朋友揮拳，結果導致對方永久殘廢，或是媽媽對玩了好幾個小時電腦的兒子發火，一把電腦關掉，兒子就從自己房間窗戶跳下而失去生命的駭人事件。

這類無可挽回的事件與暴增的睪酮素有很大關聯，因睪酮素受到

刺激的杏仁核，即使碰上小小衝擊也會出現極高強度的情緒。杏仁核如果發出激烈情緒訊號，會一併傳遞到腦幹和下層腦（Lower Limbic）。腦幹和下層腦是會形成強烈衝動的大腦領域，結論就是因為被太多睪酮素佔據的杏仁核刺激了腦幹和下層腦，進而造成無法挽回的行動。通常會用全力衝刺的汽車速度來比喻攻擊性與衝動性，但不幸的是，大腦裡沒有類似煞車的裝置存在。


## 攻擊性與衝動性的調節

那麼，在青春期兒子大腦爆發的攻擊性和衝動性真的沒辦法調節嗎？透過針對非洲大象進行的研究結果，可以得到兒子需要什麼的提示。公象進入青少年時期會和人類一樣分泌大量睪酮素，開始出現暴力性及破壞性的行為。這些行為的危險程度可能威脅象群的安危，能控制這種常做出突發行為的年輕公象的，就是擁有高度權威的年長公象，因為保護象群而備受尊敬的年長公象會霸氣指導闖禍冒失的年輕公象，讓牠的攻擊性鎮靜下來並進行適當訓誡，引導牠適應象群生活並加以成長。

難以自行控制的青春期兒子也一樣，他們的攻擊性與衝動性也需要他人幫忙。就像擁有高度權威的年長公象引導年輕公象那樣，兒子也需要一個能指導他、提供建議、告訴他怎麼調節衝動情緒的大人。

問題在於這個時期的兒子都不把父母的指導和建議當成一回事。希望能從父母的保護傘下獨立的青少年子女，都只把父母的擔憂與建議當成嘮叨與碎念。因此，拜託那些平常就跟父母處得很親近的鄰居或是兒子有好感的朋友，也不失為是個好辦法。

chapter
02

# 額葉，中央控制裝置施工中

　　因為聚集了睪酮素而變得像火藥庫的青春期兒子大腦，難以控制自身情緒的另一個原因是額葉尚未成熟。額葉負責人類大腦最核心的認知能力，也被稱為中央控制裝置，是人類大腦構造中，最晚也最緩慢發育的部分。特別是額葉中的前額葉主要負責控制及調節情緒，但對十幾歲的孩子而言，他們的前額葉還不能好好發揮功能。以研究男孩子大腦發育特徵而聞名的權威邁克爾·古賴安也表示，青少年的前額葉活化並執行功能的狀況，要比未活化甚至未啟動的狀態少很多。

　　更具體來說，為了解決認知及合理的問題，比起前額葉作用，他們更會動員所有為了贏過其他人的必要手段和方法，所以即便考試已經迫在眉睫，就算聽到媽媽瘋狂碎念也不會想坐在書桌前讀書，但卻會跟朋友因為玩笑而開始玩的遊戲或打賭，用上必死決心展開行動，全力求勝。

　　而且在兒子大腦中，讀書和作業等都不在他們的優先順位。雖然他嘴上感覺得到讀書很重要，但實際上比起馬上需要認真看待，自己直接要面對的問題，可能會覺得讀書更像是捉不到的雲。雖然認同讀

書會左右自己的未來，但因為那是沒辦法現在就在眼前確認的東西，所以無法實際體會與感受。**這所有行為都受到未成熟的前額葉影響，為了未來擬訂計劃並實踐，同時能讓自己並發揮克服誘惑的意志力的前額葉尚未發展完全，所以才會出現失控或是失序的行為。**

## 菲尼斯蓋奇症候群

菲尼斯‧蓋奇（Phineas Gage）是一名負責鋪設鐵路的美國人，某天他為了移除在預定鋪設鐵路的地方死撐的石頭，在石頭下方設置炸藥卻反而出了差池。也因此，原本要用在鋪設鐵路的鐵條貫穿蓋奇的左臉到頭頂。被送到醫院的蓋奇在經過幾個月的集中治療後，奇蹟似地康復並回到原本工作的地方。

但問題就在這時候發生了，意外之前的蓋奇是個風評很好的人。親切、個性溫和，在團體中也有很高的威望，但回歸的蓋奇卻變得截然不同，動不動就跟他人起衝突，說謊、挑撥離間、甚至還會偷竊。完全變了個人的蓋奇無法再跟人群和平共處，他四處流浪漂泊，並在意外過後的十二年後淒涼死去。

蓋奇死後，幫他手術及治療的醫生開始調查他改變的原因，結果發現十二年前的爆炸意外讓他的前額葉受損，因為蓋奇的案例，調節人類本能欲望、衝動及情緒的地方，就是前額葉的事實正式被揭開。

仔細觸摸兩側眉毛中間的額頭部位，會感覺到有個凹槽。在凹槽內的大腦皮質就是前額葉。額葉負責思考、判斷、記憶、語言等不同的認知功能，從指揮人類的能力與機能來看，額葉就是人類大腦的CEO。

額葉最前面的部分是前額葉，它負責讓人類變得像人的相關功能。我們和動物不同，能進行理性思考與判斷、決定，即使感受到強烈欲望和情緒也能加以控管調節，負責這些功能的前額葉如果有好好發育，就會讓人擁有溫和且具道德的人品。

舉例來說，很要好的朋友如果惹你生氣，會在邊緣系統的杏仁核產生憤怒情緒，這些情緒資訊傳遞到前額葉，前額葉會出現「跟我要好的傢伙居然講這種話，真的好難過」，或「這傢伙真的是要惹我生氣嗎？那我可不能坐以待斃」的想法，同時會出現「但我現在如果對他發飆，我們之間也會變尷尬吧？」的理性判斷，進而抑制表現出自己的負面情緒，這些過程會在我們還來不及意識到的時候進行。

青春期兒子大腦中發生的混沌，就是因為前額葉的不成熟所造成。能認知衝動發生的情緒和心情是什麼，進而做出符合現況的判斷，並且控制負面情緒表現的前額葉還不成熟，會用莽撞的行為和失言讓旁人感到慌張，甚至發生讓父母更加生氣的慘事。

## 尚未完全成熟的前額葉

青春期兒子腦內出現如此驚濤駭浪的徬徨也是在最近才被公開。美國國立精神健康研究所的吉德（Jay Giedd）博士和戈泰（Nitin Gogtay）博士在 1991 年起，以 1800 位兒童與青少年為對象，研究他們大腦會隨著年紀增長如何發育。他們在固定期間針對大腦的變化過程、發育狀態及領域等進行斷層掃描並分析特徵，最令人感到有趣的研究結果就是青春期的大腦。

**大腦的發育是有順序的。從位於後腦的枕葉開始，接著是頭頂的**

頂葉，最後才是位於額頭的額葉，等於是從後腦開始往前依序發育的意思。

　　兒童期的腦細胞都停留在準備急速成長的狀態，此時為了腦細胞的成長與發育，會生成大量的腦細胞樹突。樹突作為與其他腦細胞連結的支點，生成大量樹突也就表示腦細胞之間的連結更加堅固，這種狀態也被稱為突觸開花（Synaptic Blossoming），因為腦細胞與腦細胞之間的連結支點增加，看起來就像是花朵盛開一樣。

　　但成為百花盛開狀態的腦細胞連結支點突觸，也不是全部都能存活下來，連結的突觸中，只有透過反覆教育、養育、經驗和體驗而變得更堅固的突觸可以存活。沒有經驗的其餘樹突就會逐漸枯萎而消失，也就是被淘汰的意思，這個過程也被稱為突觸修剪（Synaptic Pruning）。學習或體驗某個東西時，腦細胞會因此被觸發，隨著腦細胞的觸發，突觸連結會變得更穩固，經過這道過程的大腦就會更加迅速且有效的啟動。

　　大腦成熟過程中的修剪從青春期開始活躍，並且首先在掌管視覺、聽覺、嗅覺等感覺的大腦領域出現。負責決定、判斷、調節等能力的大腦領域則要到快二十歲時才會修剪，這個區域就是前額葉。**控制及調節情緒的前額葉，要在滿十八歲到二十幾歲時才會開始進行突觸修剪**。換句話說，還沒完成突觸修剪的青春期兒子大腦，意味著他們無法自己處理情緒，必須先熬過漫長的青春期隧道，才能處理自己的衝動與攻擊性。

chapter
03

# 青春期親子間
# 如何溝通

不久前，我曾在男校國中的學生家長研習會演講，在演講差不多要結束的時候，一位參加研習的媽媽提出一個問題。

「我能跟兒子進行所謂的溝通嗎？」

禮堂本來充斥一陣笑聲，但很快又回到嚴肅的氣氛，那位媽媽的深切煩惱也在大家的歡笑中留下痕跡。

從媽媽的立場來看是很難理解兒子的行為，因為兒子歷經的男性生長過程是媽媽未曾體驗過的，一方面也會令人覺得困惑。重點是，比起無條件接受，應該從發育的觀點去理解他們。**當了解每個兒子都會歷經的發育特徵，就能放下「是我沒把兒子養好嗎？」的自責感而接納兒子，以這樣的理解為基礎開始對話，就能不與兒子形成情感面的對立，進而有效溝通。**

# 不要招惹攻擊性荷爾蒙

在充滿睪酮素狀態的兒子大腦所表現的行為中，最常見的就是對父母無禮的態度。他們表現得好像在盤算該怎麼做才能讓父母更傷心似的，叛逆強度還會不斷提升。父母也是人，會對兒子這種態度感到十分傷心，甚至還會開始想著不能把孩子養成這樣，那該怎麼做呢？

**第一，要從理解兒子的狀態出發。**也就是除了必須理解攻擊性荷爾蒙睪酮素之外，也要正確理解因尚未成熟的前額葉導致兒子難以抑制情緒的發育特性。還必須理解處於這種大腦發育狀態的兒子，心情也不會太過好受。

對於自己無法好好控制情緒的狀況，兒子肯定也會感到十分不安與動搖，在對父母做出無禮行為及反抗的同時，他們同時也會感覺到不能這麼做的不安。為了不被人發現自己這種心情，兒子通常會有表現出更壞的傾向。**而我們必須牢記，就是要理解並認同，兒子就是無法隨心所欲調節自身行動。**

**第二，對話時要排除情緒。**排除情緒的對話乍聽之下會覺得很枯燥又不夠人情味，但排除情緒代表的是不會刺激兒子攻擊性荷爾蒙的對話，請比較以下的對話。

| 對話 A | 對話 B |
|---|---|
| 兒子：媽，你有看到我的剪刀嗎？<br>媽媽：你的東西要自己收好啊，我到底要幫你收拾善後到何時？拜託你東西用完就要物歸原處。<br>兒子：可惡，算了，我以後絕對不會再問你我的東西在哪了，你也不要再干涉我了。 | 兒子：媽。你有看到我的剪刀嗎？<br>媽：嗯，沒看到耶。 |

對話 A 的媽媽和兒子最後又起了爭執，就媽媽的立場而言，她認為父母就該扮演教導兒子正確規矩的角色才會這麼說，雖然這是一點也不奇怪的對話，但如果孩子正值青春期，父母在這段期間最好要稍微放寬規矩，並針對兒子的問題重點簡短回答，才是不誘發情緒的辦法。

所以需要練習怎麼針對兒子所說的話，盡可能做出客觀反應。類似對話 B 的內容，只對兒子的問題有反應，就幾乎不會有牽扯到情緒的問題。

青春期兒子大腦已處於準備好要爆發的狀態，就算稍微放寬規矩，也不能放任他們隨心所欲，那還有什麼辦法呢？


# 父母訂定規則與處罰

要訂定規則與處罰並教導青春期的兒子遵守這件事不像說的這麼簡單，但如果沒在這個時期讓他們練習怎麼調節情緒，致命後果可能會在孩子長大成人後發生。

最重要的是，教兒子遵守規則與處罰需要父母的決心。但這裡所說的決心不代表要兒子屈服或服從於父母，而是避開可能產生氣勢對決的決心。此外，要怎麼跟青春期兒子傳達規則與處罰的方法也很重要，以下介紹幾個能避免和青春期兒子比氣焰，又能訂定規則與處罰的幾個策略。

首先，在和青春期兒子對話前，必須先做好心理準備，必須做好就算兒子加以反抗或生氣，**都不能表現出任何情感動搖的決心**。

跟青春期兒子訂定規則與處罰時，父母事先訂好指南再向兒子說明會更有效。必須注意的是，**內容必須具體**。舉例來說，比起說「不能對父母做出無禮行為」，規定為「和父母對話時不能先離席，或出現甩門離開的行為」會更好。此外，考量到對視覺刺激的專注力特別發達的兒子大腦，把寫下規則與處罰的紙貼在顯眼處也是方法之一。

最後，在向兒子說明規則與處罰時，要盡可能以冷靜但堅決的語氣簡短說明，接著**強調這個規則是要維持家庭秩序**，讓所有家庭成員都能過得更健康的方法，孩子就不會在情緒上受到動搖並接受。

---

（ 重點摘要 ）

- 青春期兒子的大腦分泌極大量睪酮素，會開始出現攻擊性與暴力性。
- 青春期兒子大腦中，掌管控制及調節情緒的前額葉尚屬未成熟狀態，所以他們很容易受到情緒的動搖與支配。
- 為了不觸發青春期兒子的情緒，必須建立原則進行對話。

---

# 與青春期兒子溝通的技巧

除了跟兒子說明規則與處罰，其他和兒子對話時。為了在不產生情緒激動狀況下，與青春期兒子對話，還需要幾項規則：

## 一、必須避免說的話

1. 避免將兒子行為一般化的措辭。例如用「絕對」、「再也」、「每次都」等措詞指責兒子的行為時，兒子會去尋找證據，以證明媽媽說的話是錯的。

2. 不能和他人比較，特別是成績等與他人比較的話語，除了使兒子的自尊降低，他對父母的信賴感也會隨之下降。

3. 在兒子說話時，如果指責他們「坐好，好好講話」、「你現在講話的態度對嗎」會降低兒子想跟父母對話的意願，須培養等待兒子把話說完的耐心與餘裕。

3. 和兒子對話時，父母如果雙手抱胸或凝視他處，可能讓兒子覺得父母沒有想聽自己說話。在兒子說話期間，最好展現出積極傾聽的樣子。

## 二、對話原則

1. 如果父母以想教兒子做些什麼或進行訓誡的目的開始對話，兒子通常會閉嘴，並且盡可能隱藏這不是發生在他身上的事。因此，平常就要多跟兒子對話，了解兒子發生了什麼事。

2. 青春期的青少年都想跟他們認為懂自己狀況和心情的人對話，在與青春期青少年對話時，使用實用對話技巧的諮商專家卡爾・羅傑斯（Carl Rogers）的鸚鵡對話法可供各位父母參考。不是要複誦青春期兒子所說

的每一句話，而是把兒子想說的重點，用大人的話重新講一次，如此一來，能讓兒子繼續說自己的事情，也讓他覺得自己有被理解。

3. 針對兒子的行為或錯誤進行對話時，只討論當下那件事，不要把過往的行為或錯誤舊事重提，否則兒子通常會馬上改採敵對態度。

chapter
04

# 不要對青春期的愛情說教

看著兒子出現第二性徵，逐漸變成男人的模樣，媽媽們總會百感交集。雖然看著長大的兒子會覺得欣慰，但同時也會意識到他們再也不需要媽媽的懷抱而感到難過。

另一種情緒則是害怕，雖然外型已完全變成一個青年，但想到如果他們真的開始假裝自己是大人那該怎麼辦，又會為此感到一陣恐懼。因為有關青少年懷孕、性問題等新聞報導相當多，會有這種想法也是理所當然。

## 滿腦子想女生的兒子是正常的嗎？

不久前，跟我比較熟的同事用憂愁的聲音打電話給我。她說國中的兒子最近開始會留意自己的造型，還會為了衣服吵架。有次是補習班聯絡她，說確認孩子有到補習班，卻沒有出現在他該在的教室裡聽課。同事被兒子這番從未有過的舉止嚇到，當晚兒子才坦白他喜歡上

補習班的一個女同學，為了觀察那位女生的一舉一動，甚至忘記自己也該去上課。聽到兒子這番話，同事的心簡直被燒成一片焦黑。

這事件是發生在需要為了升學用功讀書的時期，青春期兒子的欲望和動機讓父母感到操心，但為什麼偏偏是這個時候呢？

兒子進入青春期後，常會發生讓父母感到慌張的狀況，例如原本覺得乖巧的兒子有時會痛毆別人，有時會被父母隨口說的話激怒，進而破壞東西。被女朋友迷得神魂顛倒，完全打不起精神的狀況都包含在內，這些都是因為兒子大腦在進入青春期後所產生的變化而導致的結果。兒子開始對異性有興趣，會開始熱戀的原因，從腦科學分析來看可分為兩方面。

第一，是青春期兒子大腦分泌的男性荷爾蒙。兒子進入十幾歲的階段時，大腦的雄激素（Androgen）逐漸增加，雄激素是男性荷爾蒙的統稱，前面所提的睪酮素也屬於雄激素的一種。脫氫表雄酮（DHEA，Dehydroepiandrosterone）也是屬於雄激素的另一種男性荷爾蒙，這個名字又長又困難的荷爾蒙，就是讓兒子迷上異性的原因。**大部分青少年在青春期都會開始體驗初戀或青澀愛情，對愛情產生興趣，就是因為DHEA 分泌量增加所導致的現象。**

第二，是因為青春期兒子大腦的部分區域開始變化。讓人感受到性欲、食欲、睡眠欲等基本需求與衝動的大腦器官是下視丘，特別是位於下視丘內的前下視丘間質核-3（INAH3）區域是讓人對性產生強烈興趣的地方。**在兒子進入青春期後，INAH3 會顯而易見地擴張，讓人對性的好奇急遽增加，這時候也是兒子會開始夢遺的時期。**

父母，特別是媽媽，在知道兒子會開始夢遺時會感到慌張，兒子本人也一樣會混亂，但他們並非對夢遺感到不愉快，而是會產生性方面的快感，進而開始自慰。性方面的快感與大腦的神經傳導物質多巴

胺有關，當人類沉迷於某件事物時，會分泌多巴胺並感受到極致的快樂情緒。**青春期兒子會對性方面的行為、想法及幻想開始執著也是因為多巴胺的緣故，夢遺也是在睡夢中感受到極致巔峰的性衝動所造成的結果。**

　　青春期兒子對性的好奇與欲望，比同樣年齡層、也身處青春期的女兒更加強烈。青春期女兒的性衝動雖然也會增加，但比起兒子可說是很低的程度。所以必須了解青春期的兒子和女兒對於愛情和性的想法有很大不同。

## 青春期的愛情有賞味期限

　　突然想起我在研究所時期偶然聽到同事的故事。有個男同事分享了他的初戀故事，他高中時期喜歡一位女同學，追了對方好幾個月，終於成功。當時覺得全世界都染成玫瑰色，他甚至還下定決心要在高中畢業後跟那個女孩子結婚，並在大學入學的同時，向他父母拋出要結婚的炸彈宣言。父母覺得太荒唐沒做什麼回應，只說了一年後再談。那一年後兩人真的有結婚嗎？結局是不到幾個月，他們倆就分手了。

　　倫敦大學腦科學研究所安德里亞斯‧拜爾特斯（Andreas Bartels）和西米爾‧澤基（Semir Zeki）研究陷入愛河的青少年與青年的大腦發現了有趣的研究結果。他們給研究對象看極具魅力的異性照片並拍攝大腦的反應，為了比較此時大腦反應是否真的有很大不同，也一起呈現和每個研究對象很熟的朋友，但是完全沒有感受到任何異性魅力的照片。

　　分析大腦反應後，得出一個非常有趣的結果：當看到雖然很熟，卻沒有感受到異性魅力的朋友照片時，包含額葉、枕葉、顳葉及頂葉

在內的大腦皮質，腦部活動模式都非常固定，位於大腦內側的邊緣系統也處於穩定狀態，也就是好朋友的照片不會讓大腦出現任何變化。

相反地，當看到極具魅力的異性照片時，大腦反應變得非常不穩定，負責控管情緒的前額葉進入完全不受控制的狀態。邊緣系統的反應也有所不同，誠如前面所提，邊緣系統是產生情緒的地方，也是會依據感受到的不同情緒，下達改變身體狀態命令的器官。夜深人靜時，若有個陌生男子尾隨在後，邊緣系統會產生害怕及不安情緒，讓人心跳加速、全身肌肉充血，進入逃跑備戰狀態。即使是感受到愛的情緒，邊緣系統也會出現心跳加速、全身神經會只專注於一個人、理性機能麻痺等類似反應。

再加上控管及調節情緒的前額葉尚未發展完全的青少年大腦內會出現更劇烈的情緒，世界聞名的諮商心理學家大衛‧沃爾許曾經主張：**墜入愛河的青少年大腦活動，跟在古柯鹼成癮者大腦中觀察到的神經觸發模式很相似**；這與此時被麻痺的神經傳導物質有很深的淵源，包含墜入愛河時會讓人感到悸動和開心的多巴胺，以及對愛人反應快速且專注的正腎上腺素。

但青春期兒子和女兒墜入愛河的大腦狀態不可能永遠持續，正確來說，他們陷入愛情的時間會比成人短上許多。依據腦科學家的相關研究顯示，**青少年投入愛情的時間平均約三到四個月**，如果根據腦科學家所言分析青少年的行為，看起來是可以成立的主張，畢竟也常常能見到才剛說陷入愛情、沒過多久就覺得厭倦的青少年。

感受到愛和維持愛意是兩件不同層次的事，青春期兒子雖然能感受到愛，但要他們維持並守護這份愛情，他們的大腦還沒成熟到能做到這件事。

# 跟青少年要如何
# 談論性議題？

性這個主題多少有點敏感，即便是自己的兒子或女兒，也是個人隱私的一種，請誠心回答以下問題：

1. 我不會替青少年兒子美化異性、愛情、性行為等議題。
2. 對於兒子對性感到有興趣的部分，我覺得這是非常自然的事。
3. 我會跟兒子討論戀愛關係中重要的價值觀與態度。
4. 我曾經跟兒子正確說明過有關性行為和避孕等話題。
5. 我知道兒子喜歡的異性朋友是誰。
6. 我知道透過網路或同儕所獲得的性資訊對兒子而言有多危險。
7. 我不會生氣或嘲笑兒子和異性朋友交往的事。

以上七個問題是每位青春期兒子的父母都必須關注及謹記，有關愛情與性方面的問題。以上問題如果回答很多個「對」，表示正給予面臨青春期的兒子必要且正確的性教育；反之，若有較多否定答案，從現在起就必須致力和兒子討論愛情和性議題。萬事起頭難，但因為這是會影響兒子非常重要的人生議題，請記得這是不能放棄的教養內容。

# 愛的三要素——激情、親密與承諾

耶魯大學心理學家羅伯特・史坦伯格（Robert J. Sternberg）主張愛情是個三角模型，愛情由激情、親密與承諾三要素所組成，如果只有填滿其中一兩項，就難以稱之為成熟的愛情。

缺少親密與承諾，只有激情的愛情與性魅力與身體接觸等有關，史坦伯格認為這是癡迷的愛情，是陶醉且排他的愛。

缺少親密與激情，只強調承諾的愛情也可稱為是一種空虛的愛；缺少激情和承諾，過於親密的愛情，不是和承諾距離甚遠的浪漫愛情，就是只會讓人有手足之間才能感受到如友愛般的愛情。**終究還是要同時有激情、親密及承諾三項要素的愛情，才是成熟且健全的愛。**

但大部分的人都是不完整的，要擁有這三種要素且平衡適當的愛情並不容易。再加上受到荷爾蒙和大腦變化影響，缺少能依照個人意志控制和調節情緒能力的青春期兒子更會擁有不完整的愛情。在傾向激情或親密的青春期愛情，有很高機率缺乏要對情人負責、體諒並尊重對方的承諾心態。有著承諾心態的愛情是指能包容並認可情人的缺點及失誤，遭遇困難也能在身旁扶持依靠，成為心靈上的力量。必須有承諾，才能長時間的維繫愛情。

沒有承諾，只有激情和親密感強烈的青春期愛情，在荷爾蒙和神經傳導物質的訊號減弱時，可能會對異性的小失誤感到大失望，對異性的好奇與興趣也會因此消失。儘管很突然，但這也是青春期兒子前額葉正在變成熟的訊號。在荷爾蒙和神經傳導物質較強的愛情狀態中，旁人的阻撓反而可能導致這個愛情燒得更加猛烈。

要怎麼知道兒子的愛情是否包含激情、親密及承諾？腦科學家以

「依附荷爾蒙」加以說明。馬里蘭大學心理學家蘇珊・貝克（Susan Baker）表示，**締結真正愛情關係的時機，會在女性分泌夠多的催產素（Oxytocin）、男性分泌夠多的抗利尿激素（Vasopressin）時發生。**

催產素是會讓人對孩子產生母愛並出現保護行為的荷爾蒙，抗利尿激素是對伴侶出現責任感及信賴的荷爾蒙。要締結穩定的人際關係，要等到大腦的化學物質夠多時，才能維持愛的心情並加以守護。當反抗父母又具有攻擊性的青春期兒子開始對父母感到抱歉與惻隱之心，順應父母的要求時，即表示兒子大腦中抗利尿激素的分泌增加了。

## 性議題的日常對話

以父母的立場而言，要和不曉得強烈的感情何時會爆發的青春期兒子討論有關愛與性的議題，是件非常緊張的事，但如果避而不談那更危險。

我遇過一位因為看起來有點憂鬱甚至不安的青春期兒子前來諮商的母親，雖然不常和兒子對話，但兒子一進入青春期後，變得更加無話可聊之外，她因為擔心會面臨周遭常說的青春期常見的劇烈情緒反應，除了日常生活以外甚至刻意不搭話。但最近發現兒子變得胃口不佳，把自己鎖在房裡，看到他眼神不安，不知所措又茫然的表情，這位母親開始感到害怕。

因為高中男生的特徵是只要媽媽在身邊，就不太會把想說的話講出來，所以我讓這位母親在外面等待，才跟這位學生聊天。閒聊了半天，他終於吐露出心事，但也十分令人衝擊。

他在寒假時喜歡上一個透過朋友介紹而認識的女孩子，交往後就

發生了性關係，但不久前，女朋友卻懷孕了。這位男同學雖然也比較內向，但之前也不曾有過和父母對話的記憶，覺得父母對自己好像毫無關心，不知道該向誰傾吐這件事才好，便獨自操心了一個月。

後來，聽到兒子這件事的母親備受打擊，除了兒子正遭遇的事情外，也對兒子無法向家人傾吐這件事的狀況，以及應該是媽媽自己造成這件事情的結果，感到非常自責。

但這個問題的原因似乎也不能歸咎於母親，只是有點遺憾，如果他們平常就會討論一些棘手或不自在的話題，或許就不會發生這種事了。父母要了解兒子身上發生什麼事與面臨何種狀況是很重要的，以下介紹要和青春期的兒子討論愛情與性方面的議題時，比較有幫助的幾項內容。

第一，和青春期兒子討論性議題時，與其用很嚴重的態度去切入，可以在一起看電視劇時，誘導兒子先提起這個話題。大衛‧沃爾許博士主張，**父母與子女平常若有持續討論有關愛情、性與性行為的議題，能推遲子女發生性行為的年齡，並擁有穩定且具有責任感的愛情。**

第二，家人去旅行或在家以外的場所時，也可以透過分享父母的愛情故事，教導有關愛情的價值觀。如果兒子有異性朋友，比起強迫他「等你長大也會遇到更好的人，現在先專心讀書」，還不如拋出「你跟她在一起通常都聊些什麼？」或「你其他朋友都怎麼看待你女朋友？」等問題，**讓兒子自己從客觀角度出發看待異性朋友會更有幫助。**

第三，如果覺得要和青春期兒子討論性議題太困難，建議找一本兒子比較容易閱讀的書。給青春期兒子閱讀那些他無法輕鬆對父母訴說的行為改變（例如關於夢遺或自慰等）的書籍，兒子對於自身行為的罪惡感會降低，更感到心理層面的安定。

第四，**替青春期兒子找一個能自在討論和閒聊有關異性交往或愛**

**情的導師也是父母的職責**，可以是阿姨、叔叔這些比較熟悉的親戚，或是長時間關注兒子成長過程的鄰居也可以。不要讓青春期兒子的溝通窗口就此關上，要持續給予他關心與體諒。

最後，如果已下定決心要和青春期兒子討論性議題，請務必做出不會對他說教的決心再開始對話。青春期的青少年只要感受到大人可能會責罵或指導自己時，就會傾向閉嘴不談。最重要的是，不管討論何種主題，都要聽完兒子想說的話，不要打斷。

───────────── 重點摘要 ─────────────

· 青春期兒子大腦因為神經傳導物質分泌與部分器官的改變，會對愛情和性特別關注。
· 青春期兒子認為的愛情通常有衝動及浪漫的傾向，比起在愛情中感受到的情緒，盡可能和他討論如何維繫愛情為佳。

# 青少年性知識缺乏　性教育責無旁貸

相較於過去，現在的學生雖然接觸較多性教育課程或教材，但以韓國青少年為對象所實施的性教育，相較於其他先進國家仍是相當落後。先進國家針對和韓國國高中生年齡層差不多的學生所實施的性教育重點內容之一，是有關避孕及性病的內容。雖然在父母的角度來看，這些內容可能讓人不太自在，但仍必須認知這是孩子必須要了解的知識。

依據先進國家針對初次性行為的年齡統計值來看，男生是十五歲、女生是十六歲。但在十幾歲的懷孕比例或感染性病比例，美國比起其他先進國家高出許多。大衛‧沃爾許主張會產生這個結果是因為美國青少年較少使用保險套，且相較其他先進國家，對於性病的了解與性教育也更少。

依據美國疾病管制預防中心的報告，每年約有 300 萬名十到十九歲的性病患者，這也表示，有關性病等性教育實質資訊的重要性應該要逐漸擴大。

韓國青少年也和其他國家的青少年相同，對性與性行為有著強烈好奇，透過網路等途徑了解性議題的人也日漸增加，最能安全且有效保護韓國青少年的方法，就是教導有關避孕的正確資訊。

chapter
06

# 情緒調節能力
# 是決定未來的關鍵

　　我聽了在國中教書的朋友所說的故事後，有好一陣子都很心煩意亂。學生的過度無禮、因為問題行為而面臨的煩惱已經夠大，想要訓誡學生時又會因為跑來跟老師抗議的學生家長而自我懷疑。從國小開始從未改變過想當老師的夢想，卻因為這些情況對這個夢想感到心寒；原以為當老師是天職的朋友甚至想過是否要離職，這也讓我不管要說什麼話安慰她，都變得更小心翼翼。

　　青少年行為問題並不是只發生在韓國，在美國也曾報導過，每兩位教師中，就有一位因為學生的錯誤行為而在五年內選擇放棄教職。

　　當然，在青春期這段期間，青少年大腦會產生劇烈變化，他們難以依照個人意志去行動或調節情緒，但青春期兒子也因為出現第二性徵而開始擁有不亞於成人的力量，很可能會發生他們難以招架的事情。

　　但也不能因為這樣就放任他們不管，因為這可能對兒子的未來產生不好的影響。**越放任人類大腦不管，能產生修剪效果的發育機會也會隨之消失**；若因為調節情緒的能力不成熟就懶得練習如何調節，負責調節情緒的大腦區域也可能會失去發育的機會。

# 棉花糖的實驗

因為《先別急著吃棉花糖》這本暢銷書，大家應該都有聽過棉花糖實驗吧！1966年史丹佛大學沃爾特‧米歇爾（Walter Mischel）博士以四歲幼兒為對象，實施了「棉花糖實驗」。

實驗內容是提供超過600位四歲幼兒分別有一顆及兩顆棉花糖的碟子，並告知他們現在可以吃掉一顆棉花糖，但如果忍耐十五分鐘就可以吃兩顆棉花糖。實驗者說完就離開房間。而參加實驗的四歲幼兒也展現出各種面貌。有人在實驗者一離開房間就把棉花糖吃掉，也有為了要吃兩顆棉花糖而忍耐，但終究忍不住眼前棉花糖的誘惑，選擇把棉花糖放入口中的孩子，當然也有人忍到最後，等了十五分鐘的獲得兩顆棉花糖。

米歇爾博士仔細記錄這些四歲幼兒的行為，追蹤這些孩子的成長過程長達十五年，並在1981年發表研究結果。米歇爾博士的研究結果令人倍感吃驚，等了十五分鐘獲得兩顆棉花糖的孩子，在美國大學適性能力評價SAT獲得比同齡人更高的分數，與父母及老師的相處也很和諧，擁有正向的人際關係。

後來隨著孩子們年紀增長，也持續針對他們改變的生活型態進行縱向追蹤，在他們長大成人後的生活也有差異。那些無法等待的孩子因為肥胖、藥物成癮、社會不適應等問題而過著痛苦的人生；相反地，那些忍到最後的孩子都過著相對成功的人生。

米歇爾博士透過棉花糖實驗發表了「延遲享樂」（Delay of Gratification）的重要原理，**延遲享樂是指為了日後獲得更好的結果，選擇推遲現在可享受的小小滿足的能力。**換句話說，雖然現在有個很好

玩的遊戲可以玩，但為了準備考試也能決定先不玩遊戲的決斷力，就是延遲享樂的能力。雖然正在讀的書或作業無聊乏味，但能忍住繼續下去的力量也屬延遲享樂的能力，同時也是能自己控制和調節目前情緒的情緒調節能力。

棉花糖實驗一公諸於世，有許多父母就想確認延遲享樂或情緒調節能力對子女的人生造成多大影響。後來又再進行了幾次和棉花糖實驗類似的實驗，其中一個是賓州大學心理學實驗團隊所進行的，他們做出與棉花糖實驗相同的結論，**並主張延遲享樂、情緒調節能力比起孩子的智力分數，在預測分數方面是強上兩倍的因子。**

其實包含棉花糖實驗在內，這些研究結果都不令人意外，也不是新的發現。光聽學校教師的說明就知道，智力分數高又聰明，但無法處理自身情緒，按照自己所想而行動，或是對於做任何事都沒什麼意志的孩子，跟智力分數普通，但有高度忍耐性且高動機的孩子相比，後者的成績及生活態度都比較好。**不管再怎麼聰明，如果缺乏調節和管理情緒的能力，就沒辦法徹底發揮才能。**


## 青春期的「中二病」

不知道從何時開始流行「中二病」的說法，是個可以用來形容青春期出現情緒變化和反抗行為巔峰的詞彙。或許也是因為這樣，處於青春期的青少年如果做出叛逆行為，也會拿出「怎樣？我現在這年紀可以這樣吧？」的免死金牌而依然故我。這種想法和行為之所以危險，是因為大腦會記得行為模式。用更正確的方式來說明，**就是情緒調節中樞前額葉腦細胞因為沒有學習機會，在之後的人生中，也有可能缺**

乏調節情緒的機能。

　　調節控制情緒的能力是可以培養的，重點在於要培養和教導這種能力，是有適合且特別有效果的時期，也就是所謂的關鍵期。很遺憾的是，錯過關鍵期的大腦發育領域就很難再恢復了。控制調節情緒的能力是由最晚發育的前額葉控管，從某種角度來看，**情緒變化最劇烈的青春期，可能是最適合練習調節管理情緒的關鍵期。**

　　輕易屈服眼前的甜蜜誘惑，隨著情緒做出行為，這種狀態持續久了就無法培養延遲享樂的能力，也難以形成自制力。如果覺得遊戲太好玩，不停歇繼續玩不停，就會延續到遊戲成癮。在無聊乏味的讀書時間裡不到五分鐘就把書本闔上，那麼學習能力也會產生問題，最後延續到學習不振的惡性循環。

　　但因為缺乏情緒調節能力所出現的問題，相較於青少年，在長大成人後會招致更加嚴重的後果。在社會生活中會面臨無數的人際關係問題，因為生氣就隨便對其他人發怒會怎樣呢？因為不滿意公司就立刻丟出辭呈又會如何？如果因為結婚配偶做出不滿意的行為，就惡言及暴力相向的話，又會發生什麼事呢？


# 缺乏自制力障礙


　　最近在青少年身上發現的問題行為中還有「**缺乏自制力障礙**」（Discipline Deficit Disorder），**顧名思義就是缺乏在人際關係或社會上遵守紀律的能力，進而形成問題行為。**

　　缺乏自制力是因為科技與媒體的普及與過度發展，在青少年身上所產生的心理疾病。立即性反應、華麗顏色與速度的電視、DVD、智慧型

手機等產品從小不離手，這些孩子只要覺得有點無聊，就會無法忍受那個無聊狀態。這種狀況主要出現在兒子身上，因為兒子容易被視覺刺激吸引，視覺皮質又集中發育，而缺乏自制力可能出現的症狀如下：

第一、**無法專注且散漫**。進行閱讀、寫作等需要忍耐的事，或是做覺得無聊的事情時，他們會無法專注且坐不住。這種症狀雖然也可被視為是注意力不足過動症，但缺乏自制力障礙比 ADHD 的專注時間更長一點。

第二、因為以自我為中心思考，**缺乏對他人的尊重與體諒**。從小就隨心所欲，對於自己想要的東西可以毫不顧忌地要求他人，並認為自己完全可以這麼做。即便本人的要求非常不切實際，仍擁有能實現的高度期待感，認為自己有特權，無法同理他人立場，也會對大人做出無禮行為。

第三、**個性太急**。因為非常缺乏延遲享樂的能力，難以忍受無法立即獲得滿足的事，得不到想要的東西就會心急火燎。

**缺乏自制力障礙並不是指在課業產生問題，更大的問題可能會發生在社會生活與人際關係上。和更多人相處時會有更多需要壓抑激動情緒的時刻，有時候也會面臨挫折與失望。他們缺乏能撐過這些出乎意料的負面狀況的能力，就是情緒調節能力與自制力。**

# 迎戰反抗的方法

青春期兒子的代表特色之一就是不再像過往一樣順從父母，當覺得孩子過於踰矩時，需要注意是否為「對立反抗症（Oppositional Defiant Disorder）」。

原本很溫順的孩子變得與以前不同，不遵守父母指示時，父母常會覺得「唉，原來我兒子進入青春期啦」。但反抗比起單純的不聽話，指的是會用語言或行為強力拒絕以前會遵守的規則或指示。舉例來說，用髒話或鬼吼鬼叫拒絕父母的指示、丟東西、砸東西等都屬於反抗行為。**這種反抗行為、對大人的挑戰性應對、頻繁感到煩躁與過度憤怒、多次違逆規則的行為、不承認自己的錯誤、對自己失誤的過度辯解，以及對大人頂嘴等，這些症狀若持續六個月以上，就會被診斷為「對立反抗症」。**

與缺乏自制力相同，對立反抗症的影響會在成人後出現更大的問題。患有對立反抗症的兒子相較他人更容易在長大成人後，沉迷於菸酒賭博及網路遊戲，容易與旁人起衝突，難以形成圓滑的人際關係。

**形成對立反抗症的原因在於大部分的兒子都疏於適時表達自身情緒，面臨極大壓力時會以反抗行為抵禦和應對。**但兒子的氣質如果偏向敏感、作息不正常且過度衝動，可能會更感壓力，出現更加劇烈的反抗。此時，父母如果不問理由就動怒體罰他們，可能會讓他們的反抗行為變得更嚴重。另一個原因是前額葉尚未成熟或異常，前額葉負責控制及調節情緒，青春期兒子的發育特徵是前額葉比同齡女孩子發展更慢，在出現問題時，他們難以抑制及調節自己的衝動與情緒。


# 青春期的心理療癒


缺乏自制力和對立反抗症都是因為調節情緒產生問題而形成的心理疾病，看到自己十分疼愛的寶貝兒子製造問題又反抗的樣子，父母肯定會感到挫折，甚至擔心他們能不能好好在社會上生活，要是就這樣變成

完全失敗的魯蛇該怎麼辦等，父母會感到極度不安與恐懼。

　　面臨情緒調節問題的兒子所需要的基本教養原則如下：第一，正確了解兒子的狀態。兒子做出衝動行為，無法調節情緒而不聽大人的話時，不只有父母痛苦或難過，兒子也會因為受傷而辛苦。重點在於理解兒子處於即使想要控制情緒或不頂嘴，也沒辦法順利做到的狀態。因為前額葉尚未成熟，他們本身無法認知調節情緒是件重要的事，所以更難以將調節情緒付諸行動，但也不表示要一味覺得兒子可憐而接納他，而是以客觀角度理解兒子的狀態，尋找並實施有助於矯正問題行為的對待方法與態度。

　　第二，為了矯正問題行為必須訂定規則並實行，首先要具體告知兒子有哪些問題行為，以及應該減少哪些行為的發生，包含對大人頂嘴、亂丟或砸東西、罵髒話等，若做出這些行為會受到何種處罰也必須具體訂定。

　　相反地，最好也能訂定在他們努力不做出問題行為時，所能獲得的具體正向獎賞，如果有好好遵守規定，除了給予獎賞，也請給予足夠的稱讚。

　　第三，父母的態度必須一貫。要讓他們覺得父母是愛自己的，最好平常就要表現出充滿愛的話語和行為。即使兒子出現排斥反應也不要放棄，**請努力讓他們感受到一貫的愛，但不能在他們違規時睜一隻眼閉一隻眼，真正的愛是在兒子犯下可能毀掉自己的負面行為時，知道該怎麼堅決處理這個問題。**

# 父母對於兒子「對立反抗症」的評估

如果覺得青春期兒子的行為中，出現相較於常見的反抗更加過分的行為時，就有必要進行檢驗。請回想以下行為是否已出現超過六個月。

1. 我兒子經常覺得煩躁動怒。
   ① 非常　　② 偶爾　　③ 從不

2. 我兒子常常對周遭大人頂嘴。
   ① 非常　　② 偶爾　　③ 從不

3. 我兒子會對師長和父母說的話發脾氣及反抗。
   ① 非常　　② 偶爾　　③ 從不

4. 我兒子漠視並拒絕需要遵守的規則。
   ① 非常　　② 偶爾　　③ 從不

5. 我兒子不承認自己犯的錯，還會找藉口。
   ① 非常　　② 偶爾　　③ 從不

6. 我兒子會對身邊的人表現出敵意。
   ① 非常　　② 偶爾　　③ 從不

7. 我兒子會刻意折磨其他人。
   ① 非常　　② 偶爾　　③ 從不

8. 我兒子即使犯了錯也表現得很堂堂正正。
   ① 非常　　② 偶爾　　③ 從不

**評分方式**

① 非常／3分，② 偶爾／2分，③ 從不／1分。

**結果**

- 總分達 17 分以上
  有很高機率是對立反抗症，請尋求專家協助。
- 總分 10～16 分
  較輕微的反抗症，需要父母特別關心與努力。
- 總分 9 分以下
  整體而言屬於正常標準，但為了健康度過青春期，仍需要父母持續性的關心。

# 培養成能共情的男人

我們回來談談棉花糖實驗吧，不吃棉花糖，忍到最後一刻的孩子延遲享樂能力高，未來有較高機率取得成功。當沃爾特・米歇爾博士發表這項研究結果時，也讓許多父母喜悲參半。為了了解子女的延遲享樂能力，父母也對孩子實施棉花糖實驗，無法忍耐到最後的孩子讓父母極度不安。延遲享樂能力和調節情緒能力不足的孩子以後該怎麼辦？不能想辦法補強他缺乏的能力嗎？這些擔憂也讓父母焦急踱步。

但實際上，這種不安與害怕適用於所有父母，畢竟都說延遲享樂與調節情緒的能力，比智力分數會對子女的幸福與成功造成更大影響，天下會有哪個父母不關心這件事呢？再加上受睪酮素影響而具有攻擊性與暴力性的兒子，如何培養調節情緒能力更是必須了解的課題。

## 設定短期目標 立即獲得報酬

哪一種情緒調節方法對青春期兒子最有效呢？我們可透過棉花糖

實驗尋求有意義的方法。沃爾特・米歇爾博士在 1980 年代後期，為了了解什麼是有助於孩子發展延遲享樂能力的環境條件，進行了後續實驗。為此，他微調第一次的棉花糖實驗，他把放在孩子眼前的棉花糖用蓋子蓋住，這是為了了解當孩子看不到誘惑對象時，會出現什麼不同的反應，研究結果也很令人驚訝。

　　比起不蓋蓋子，直接讓孩子看著棉花糖碟子的等待時間，足足高出看不到棉花糖的等待時間兩倍。沃爾特・米歇爾博士特別關注在第一次棉花糖實驗時，能乖乖等待的孩子會有何種反應。他們在等待過程中為了戰勝棉花糖的誘惑，會刻意轉移視線、閉上眼睛、甚至還會用頭髮蓋住眼睛。米歇爾博士根據這項發現，了解到不會直接看到誘惑對象時，對孩子的延遲享樂能力是否有影響。

　　米歇爾博士隨後也進行其他實驗，就是提供「等待的想法策略」。他把孩子分為三組，告訴他們等待過程中要做些什麼。第一組沒有告知任何事項，單純放任他們；第二組則要他們想有趣、開心的事情等待；第三組則是要他們想著只要忍過去，就能得到兩顆棉花糖的事。

　　第一組和 1960 年代進行實驗的孩子的結果相仿，約等了六分鐘，在看不到棉花糖的狀態下可以多撐一下。第二組不管是否讓他們看到棉花糖，平均等待了十三分鐘；第三組在看得到棉花糖的狀態下平均等了四分鐘，看不到的時候反而更短，只等了兩分鐘。

　　1960 年代實施的棉花糖實驗中，延遲享樂能力最高的孩子的共通點是都有各自忍耐和等待的策略，他們透過自言自語、唱歌、用自己的方法玩等方式調節自身情緒並打發時間。大人在教導孩子時也會要他們忍住想玩的心情，想著不久以後的將來。但要額葉尚未發育完全的青少年去規劃或設計未來太過勉強，未來可以享受到的報酬等他們成為大人之後就能盡情享受，所以要他們忍一下下就好，才會更有效果。

要青春期的兒子想著以後可以和異性朋友交往、能和朋友去未成年禁止進入的地方、不用再看父母臉色玩耍，所以現在應該坐在書桌前讀書，反而會讓他們的情緒調節能力降低，因為青春期兒子擁有一顆容易對於眼前所出現的刺激會全心全意被吸引的大腦。因此，**告訴兒子做完現在該做的事就能獲得眼前的補償會更有效果**。

　　第一，請訂定兒子較容易達成的目標。例如把讀書範圍分成每週進度、週末幫忙做家事、一星期在家不講髒話等等。第二，明確訂定當兒子完成目標後，可獲得的獎勵為何。請和兒子討論後，選擇兒子想要的東西，但要控制在與設定目標相比，不會太過度的獎勵。如果沒能達成目標，比起給處罰，建議讓他們把該做的任務訂出來，讓他們設定短期且單次的目標，制定能完成這項目標的計劃，誘導他們取得成功。當這些經驗累積得夠多，調節能力就會自然而然形成。

# 以大人為榜樣 學習調節能力

　　倫敦大學邁克爾・席爾（M. Shayer）教授和彼得・阿迪（P. Adey）教授從二十年前開始針對英國兒童與青少年的認知能力進行比較，在這項研究中所比較的各種能力裡頭，**需要特別注意的是問題解決能力、專注力及自制力**。驚人的是，目前的兒童與青少年，比起過去任何時期的兒童和青少年，所有能力都更加薄弱。特別是兒童和青少年的問題解決能力不到十五年前、甚至二十年前的兒童與青少年分數的一半。

　　在得知這項衝擊結果後，英國最高權威專家為了了解成因，聚在一起研究得出的分析結果，**速食等垃圾食物、學校的競爭環境以及評量方式、電視和網路遊戲、助長青少年穿著舉止都要更像大人的行銷**

方式等為主要原因。

這種現象在韓國也差不多，即使已經接收極大量的資訊，現在的青少年比起過去，各項能力和教養水準都偏低，原因也可能和英國的研究結果相同。只要能除掉這些原因之中的某幾項，就有助於提升兒子的情緒調節能力。

為了解如何有助提升青春期兒子情緒調節能力的方法，美國洛克斐勒大學的基德（C. Kidd）博士團隊進行了另一項研究。他假設在棉花糖實驗中，會影響孩子等待時間長短的原因取決於哪位大人要他們等待。也就是說，他認為那位大人值不值得信任會影響孩子等待時間的長短。

在這場實驗開始前，要實施這項實驗的大人和孩子先進行一堂美術課，在美術課堂上，有一位大人遵守了會提供美術材料的約定，另一位則沒遵守。接著在後來進行的棉花糖實驗中，有守約的大人要孩子等待時，約有三分之二的孩子等到最後；相反地，沒有守約的大人要孩子等待時，孩子的等待時間平均為三分鐘。

**這項研究結果證明，兒子的情緒調節能力會以大人為學習榜樣，當這樣的大人就在身邊，光是觀察大人的行為就能形塑所謂的教育環境。**

───────（ 重點摘要 ）───────

· 青春期兒子大腦負責控制與調節情緒的前額葉，雖處於正在發育的狀態，但仍須記得情緒調節能力是幸福與成功的核心關鍵要加以指導。
· 當情緒調節能力明顯降低或缺乏時，可能是所謂的缺乏自制力障礙或對立反抗症，為了兒子的健康未來，請務必加以矯正。
· 阻斷可能妨礙青春期兒子培養情緒調節能力的原因，幫助他們成長為健康的青年。

# 穿過風浪，
# 踏上健康青年之路

　　依據艾瑞克・艾瑞克森透過對人類的驚人觀察力所提出的心理發展狀態理論，青春期兒子正處於煩惱自己是誰，形成自我主體的時期。孩子小時候不需要煩惱自己是誰，依照父母的指示去做就很夠了。但隨著身體逐漸長得像成人般，開始覺得自己不能再以年幼的狀態活下去，為了自己找出「那我是什麼？我是誰？」的答案開始進入混沌時期。其實這個過程不只是兒子，是所有人類都需要歷經的發展過程之一。

　　隨著科學技術發達而開始研究大腦，我們對於這些發展過程也更能以有邏輯及科學的方式說明。在身體突然長大的青春期，兒子不只身體長大，大腦也在成長，在這之中要達到心理層面的平衡，需要短則兩年、長則五年的時間，所以都會把這段時間稱為青春期。

　　青春期兒子大腦產生的變化就像一部高潮迭起的電影，額葉上半部負責認知推理能力與抽象概念理解能力會迅速發展，此時兒子會深刻感受到現實，可能覺得自己的存在非常微不足道，所以會出現「在偌大的世界裡，我這種渺小的存在可以幹嘛？我真的能好好活下來

嗎？」的不安，那麼處在青春期風浪之中的兒子，為了成長為健康青年，他們需要什麼呢？讓我們來一一了解。

## 青春期大腦應該避免的食物

「告訴我你吃什麼，我就可以分析你是什麼樣的人。」這是法國法官兼美食家布里亞－薩瓦蘭（Jean Anthelme Brillat-Savarin）曾說過的話，進入我嘴裡的所有食物都會影響我的身體，並用來組成及維持我的身體。如果吃下健康食物會對我形成好的影響；吃下不好的食物就會造成相反的結果。

觀察在國高中生較多的學校或補習班附近商圈賣的食物，多半都是即時食品、速食、很多調味料的各種點心等。在處於幾乎是吃完回頭就會立刻肚子餓的程度，基礎代謝量和消化能力都極佳的青春期兒子都很喜歡吃這些東西，但想想布里亞－薩瓦蘭說的話，想到這些食物會對兒子造成直接影響，身為父母肯定會擔憂。

兒子愛吃的食物通常都含有相當程度的化學調味料，奧爾尼（John Olney）博士針對化學調味料對人體造成何種影響進行實驗，他持續餵食小老鼠吃有化學調味料的食物，發現牠們的腦細胞有受損問題，此外，**持續餵食牠們吃孩子愛喝的碳酸飲料與零食，也發現小老鼠的視覺皮質出了狀況。**

更大的問題在於**添加化學調味料的食物都有高度上癮性，就像容易成癮的遊戲和手機一樣，若對化學調味料成癮會持續刺激眶額皮質，不斷刺激眶額皮質會使腦細胞受損，在現實判斷能力、情緒調節、注意力集中等部分發生問題。**在兒子愛吃的食物中，甜食也有很多問題，巧

克力、糖果及飲料等零食都含有大量砂糖，如果持續攝取會造成注意力低下及粗暴性。

雖然吃下砂糖這種單純的葡萄糖心情會變好，也會產生能量，但效果很快就會退卻，並容易對細微刺激感到興奮。此外，**攝取過量砂糖會讓身體鈣質流失，是非常可怕的敵人。鈣質是提升注意力及維持溫和情緒狀態的主要角色，缺鈣也會誘發攻擊性與粗暴性。**

來看看實例吧，位於英國的某所國小學生學業成績墊底，是有高比例問題學生的學校，但這所國小在一年內讓學生成績進步四倍，同時減少了學生做出問題行為的比例。造成改變的原因就是把學校供餐改為「大腦食物」，把原本以漢堡、披薩、碳酸飲料等為主的供餐內容改為以蔬菜水果等當季飲食，搭配蛋白質和玄米飯，根據吃的食物不同，就會對孩子造成 180 度的大大轉變。

絕對不能因為兒子已經習慣化學調味料和砂糖就放棄，別放任化學調味料和砂糖支配兒子的大腦。雖然為了改善已被馴服的口味需要相當程度的努力和時間，**但仍需以兒子吃的食物會形成兒子這個人的心態幫助他**。當然，要控制兒子在家庭以外的飲食是不可能的，重點在於兒子必須知道化學調味料和砂糖對自己的大腦會產生何種影響，要指導他至少在和家人相處時，必須多吃對大腦及健康有益的食物。


# 充足的睡眠時間　保持精神健康

韓國青少年真的很可憐，與世界各國青少年的睡眠時間相比，有著明顯差異。美國及英國青少年平均睡眠八小時又四十分鐘，但韓國青少年平均只睡了七小時。在 OECD 國家指標中也可看出韓國青少年

睡眠時間最短，但學習量最大。或許也因為這樣，雖然韓國青少年學業成就相當高，但有高達四成的青少年受憂鬱症所苦，精神健康也出了狀況，特別是青少年的兒子從憂鬱症延續到自殺的比例，比起同齡青少女高出許多。

在太陽下山，夜深人靜時，位於下視丘內部的松果體會分泌褪黑激素荷爾蒙，褪黑激素除了讓人一覺好眠，也對提升隔天的專注力與學習能力有極大貢獻。**褪黑激素的特性相當苛刻，只在晚上十點到凌晨兩點，周圍環境黑暗且安靜時才會分泌。如果太晚睡，錯過褪黑激素的分泌時間，隔天就會像沒睡覺一樣感到朦朧、專注力下滑，精神層面也會不安定。**

但也不曉得怎麼回事，進入青春期後，褪黑激素的分泌時間會延後兩個小時。所以在其他家人睡覺時，青春期兒子也常會用雪亮的眼神享受著夜晚。在褪黑激素分泌的時間就寢當然好，但因為在更晚的時間睡覺，隔天早上又常會用睡眼惺忪的狀態去學校上學。

睡眠不足會對青春期兒子造成什麼影響？以色列特拉維夫大學阿比‧薩代（Avi Sadeh）博士以青少年為對象，研究睡眠對成績造成的影響。他將參加實驗的青少年分為兩半，一組提早一小時睡，一組晚一小時睡。維持幾天相同的睡眠模式後測量學生的能力，有充分睡眠的小組在記憶力、數學問題解題能力，比睡眠不足的小組高出許多，也有很多研究都能找到類似結果。睡眠不足對青春期兒子造成的嚴重影響主要是情緒方面，動不動就充滿攻擊性和粗暴荷爾蒙的青春期兒子大腦，如果再加上睡眠不足，情緒會變得更加敏感起伏，進而延續到憂鬱症。

我最近認識一位高中生是成績相當優秀的模範生，但他為了維持成績而開始忽略睡眠，也越來越常出現不安感及想哭的心情。我告訴

他解決辦法就是每天增加兩小時睡眠時間並維持一週，並告訴他有助於入眠的方法。兩週後，學生的氣色變好了，他一開始覺得睡太多會有罪惡感，但反而在好好睡一覺的隔天覺得特別舒爽，容易專注，心情也變好了。

用「你睡覺的時候，你朋友都在書桌前用功」這種話讓兒子感到不安會有幫助？還是讓他們一覺到天亮，精神抖擻地讀書才有幫助呢！

## 運動對於青春期大腦的好處

青春期兒子如果有一點點閒暇時間會做什麼呢？大概就是玩電腦、補眠、玩手機、看電視吧。青少年為了考上好大學投資很多時間在讀書，也因為要轉換為與升學相關的教育課程，每週的體育時間也相對減少，更沒時間去操場跑步了。

運動量不足和青少年肥胖比例，及包含學校暴力在內的事件增加，呈現一致的**趨勢**，這種現象會更明顯發生在青春期兒子身上。

以躺坐為主的生活習慣與運動時間減少等讓身體流汗的機會漸漸減少，攝取營養不足但熱量超標的速食與即時食品，都讓孩子過重、肥胖的比例增加。運動會分泌讓心情和情緒變得正向的神經傳導物質多巴胺，隨著活動身體的機會減少，要感受愉快心情也變得困難。

青少年諮商專家大衛·沃爾許表示，身體活動量不足的青少年，特別是男學生，會有更高機率出現攻擊性或暴力行為。請記得對青春期兒子而言，運動有助於他的身體、讀書與情緒。透過運動強化肌肉，才會有能量和耐力，這是有活力的人生必備的要素。

運動可以平復青春期情緒狀態特別高超的兒子大腦，**運動會分泌**

讓人擁有熱情與能量的多巴胺、讓情緒安定的血清素，和讓心情變好及專注力提高的正腎上腺素三劍客；這也是大汗淋漓運動後會覺得神清氣爽又心情好的主因。實際上，加州大學卡爾·科特曼（Carl Cotman）博士主張，運動除了改善憂鬱症等情緒障礙外，對於矯正暴力行為、問題兒童的行為也有卓越效果。

那麼，有什麼運動對青春期兒子大腦有幫助呢？根據兒子特質不同，也有不同選擇。如果不曾運動也不懂運動的樂趣，桌球、羽球、網球、籃球及足球等可以分出勝負的項目會更有效。如果兒子較具攻擊性或活動性高，可選擇馬拉松、越野滑雪、賽艇或美式壁球等，幾乎和他人無接觸，不可能展現出攻擊性行為的劇烈運動，會比較有幫助。運動並非一定要選擇競賽類項目，有時間就去散散步也能培養基礎體力，找回穩定情緒。

# 妨礙兒子睡眠的因素

　　青春期兒子的睡眠時間往後延，開始過起貓頭鷹的人生，但不能因為兒子醒著就一直覺得他在用功讀書，也可能沉迷於網路，透過社群軟體和朋友聊天或上網打遊戲。為了需要睡眠的青春期兒子一覺好眠，先來了解一下可能阻礙睡眠的原因。

- 在臥室使用手機：和朋友聊天是很有可能會聊到晚睡的，使用手機後要過兩小時，大腦才會進入能睡覺的狀態。
- 在兒子房裡的電腦：如果房間有電腦，兒子是鐵定不睡覺的，因為可能會一直玩很刺激的線上遊戲。

- 電視：會看有趣的節目直到深夜。
- 含咖啡因飲料：身體要排出咖啡因需要五到十四小時，在體內殘留咖啡因的狀態只能淺眠，無法好好睡覺。

# 兒子的幸福人生——
# 紓壓與培養心理復原力

　　雖然幫助兒子能取得好成績、考上好大學很重要，但鼓勵兒子不管遇到任何試煉與挫折，都應該要有智慧的克服並過著幸福的生活更重要。此外，面對升學、就業、獨立、結婚及子女養育等各種階段與變化，兒子要如何因應，培養在任何環境下都能屈能伸及適應的能力很關鍵，本章分享如何幫助兒子有效面對壓力。

## 壓力對於大腦的損害

　　世界上真的有沒壓力的生活嗎？適當的壓力有助提升專注力並注入活力，只是如果長時間處於高壓，須留意身體及心靈都可能因此受損，而且對還在長大的孩子來說，大腦一旦受損就可能形成再也無法修復的慘況，來了解壓力會對兒子的大腦造成何種影響吧。

　　第一，如果長時間無法向任何人傾訴痛苦，可能在形成記憶方面出現困難。感到壓力時，大腦會分泌壓力荷爾蒙皮質醇，在感受壓力

的初期雖然沒有太大影響，但隨著時間拉長，**皮質醇的分泌量增加，可能導致記憶裝置海馬迴的腦細胞受損**。所以長時間處於壓力下的人會出現的主要症狀之一，就是容易弄丟東西、忘記約定，或是不記得剛聽完或剛學到的內容。

第二，壓力會妨礙兒子的腦細胞成長。BDNF 是促進腦細胞成長與增加腦細胞的數量，對於大腦發育有高度貢獻的神經傳導物質。BDNF 的量越多，大腦就變得越聰明。**但壓力會抑制 BDNF 生長，也就是無法生成有助於腦細胞成長的 BDNF，反而還可能破壞腦細胞。**

第三，壓力會導致神經傳導物質的分泌產生問題，**讓心情變好及強化專注力的多巴胺、血清素和正腎上腺素，在有壓力的狀況下不會分泌**，所以更容易導致專注力與記憶力下降，易怒及憂鬱。

# 協助兒子培養心理復原力

為了讓兒子成長為健康的青年及大人，必須經歷能幫助他們擁有能克服壓力，結實的心理肌肉的過程，這種心理肌肉又稱為復原力，為了提升兒子的復原力，首先父母的均衡十分重要，支持兒子和干涉兒子碰到的問題是完全不同的兩回事，如果抱持「我們兒子年紀還小，父母幫點忙也可以」的想法，幫兒子移除擋在他面前的絆腳石，就等同於是掠奪兒子培養復原力的機會。

第一，兒子最需要的父母態度與角色就是支持與建議，不要由父母挺身解決問題，而是鼓勵他「很累吧？會有這種感覺是肯定的，但你一定能撐過去」。要讓兒子自己想出能擺脫壓力的解決辦法，必要時也可以提供有助於解決的策略。

第二，可以嚴肅，但還是要讓兒子發笑。有壓力的兒子心中肯定跟地獄一樣，此時父母如果跟著他一起凝重，兒子會覺得更有壓力。這時候請善加利用兒子會喜歡的幽默，笑的時候會產生多巴胺，也會有愉快感，壓力荷爾蒙皮質醇的分泌便會減少。

第三，兒子如果結交到父母以外，能依賴及討論，富有智慧且值得信賴的成人朋友，也能減少他獨自操心的狀況。可以拜託兒子從小就喜歡也會聽從的大人，盡可能選擇同性的男性長輩，例如爸爸最好的朋友、叔叔、或是熟悉兒子成長過程的鄰居也可以。

第四，志工活動可以培養戰勝壓力的內心力量，照顧困苦弱小族群的經驗能改變青春期兒子看待自己所面臨的壓力或是處境，有助於他成為更膽大且健康的青年，也是他體認到自己所擁有的是多麼珍貴及幸福的機會。

---

（ 重點摘要 ）

- 為了讓青春期兒子度過健康的青少年時期，三大必備要素：有益健康的食物、充足的睡眠及適當的運動。
- 破壞青春期兒子大腦的原因中，會形成最嚴重後果的是壓力，請積極協助兒子尋找有助於紓壓的方法。

---

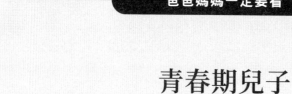

# 青春期兒子
# 的教養指南

## 一、準備與青春期兒子對話

1. 青春期兒子會出現比過往更劇烈想離開父母身邊的行為，但絕不能看著他這個舉止認為「看來我兒子已經不需要父母了」。因為他不管再怎麼想讓自己看起來堅強，青春期的兒子依然需要能在情感面依賴且穩定的大人。

2. 對青春期兒子而言，爸爸的存在很重要。現在是把情緒中心從異性母親轉移到同性父親身上的時期，如果是單親家庭，也可考慮讓兒子把平常就會聽從也有智慧的成人男性當成導師。

3. 青春期兒子會覺得自己跟成人差不多大了，所以極度討厭父母還把自己當成小孩看待。比起用安撫孩子的方式說話，建議使用尊重其人格的態度進行對話。

4. 青春期兒子傾向於想偷偷避開父母出現的場合，這是基於在情緒上感到不自在所出現的行為，如果硬要追上避開的兒子要他坐好，可能會使母子之間的關係惡化。

5. 要青春期兒子遵照指示或以行動實踐需要時間，這不是反抗，他們只是需要比較長的時間，請保持輕鬆的心情耐心等待。

## 二、如何和青春期兒子維持良好關係

1. 即便青春期兒子偶爾會出現一些令人無言的言行舉止，只要沒有傷害他人，建議你適時放過。如果一一糾正兒子的言行舉止，可能導致兒子從此閉上嘴巴，輕鬆一點，把這想成是兒子進行溝通的方式吧。

2. 對於無禮、攻擊或暴力的行為需要有一貫性的限制，如果因為害怕就縱容兒子的問題行為，除了喪失父母權威，無禮行為的程度也會益趨嚴重。但也不要在兒子情緒激動時和他衝突，而是在過一段時間後，等雙方都已經平復情緒了再加以指導。

3. 要讓青春期兒子對父母產生信賴，最需要維持的就是一貫性，如果有訂好的規則和處罰，請務必持續遵守。

4. 最好在青春期兒子面前維持父親的權威性，在決定家中的規則時也請以爸爸的意見為優先，如果媽媽偷偷通融爸爸說要遵守的規則，可能會造成爸爸的權威消失。

5. 如果以「青春期兒子還年少懵懂，只要照大人說的去做」這種想法對待兒子，他很快就會有所察覺，放下父母的想法才是最好的態度，請親切地對待兒子吧。

6. 可以讓兒子自己決定做錯行為時必須受的處罰，但建議不要使用體罰，就算是自己生的兒子，他也不是可以粗魯對待的，兒子不是神，對於體罰也還是會感到受傷。

7. 並不是父母就總是能做出正確選擇或決定，如果對兒子做出不

對的事，讓他受到不公平，請道歉並加以說明，如此一來，兒子才會覺得自己受到父母尊重。

## 三、與青春期兒子討論性議題

青春期兒子在身體方面已對性開始有興趣，並會從同儕身上聽到極度封閉且偏頗的資訊。為了不讓兒子對愛與性的想法有所錯誤或偏差，製造出能和父母自然討論的機會為佳。比起媽媽，和同性的爸爸討論比較不會造成情緒不安，也更有成效。

## 四、教導青春期兒子愛與性議題的基本原則

1. 請告訴孩子，男性與女性想要的思考方式是截然不同的。
2. 不只是女性，男性也應該要尊重並愛惜自己的身體，請幫助孩子理解，如果不這麼做可能導致何種不當後果。
3. 要交女友、談戀愛才算是成為一個大人的想法，是青春期的男生常見的同儕文化，也是一種壓力。必須告訴孩子，戀愛只是大人生活中極小的一部分。
4. 青春期兒子對於發生性關係後需要面對懷孕、性病的風險狀況，有著不夠理解的問題，請向他說明萬一女朋友懷孕可能會發生的狀況。
5. 青春期兒子成長為青年的過程所面臨的挫折中，可能包含被有好感的人拒絕。要鼓勵他不要為此感到羞恥，或對愛情抱持負面認知，請告訴他能用什麼方法克服這種經驗及平復心情，跟他分享爸爸本人的經驗也是一個不錯的辦法。

專家請回答！

<h1 style="text-align:center">——青春期篇——</h1>

**Q.** 我兒子是國中生，原以為他還是個小孩子，不久前被我抓到他用手機看色情影片。我本來以為沒有成人認證就不能看那些影片，結果在孩子之間有非常容易接觸和分享這類影片的方法。雖然有種被親近的人捅刀的背叛感，但對於該怎麼進行性教育，讓兒子成為一個健康的大人也讓我非常困擾。看到最近有越來越多性暴力、性愛影片偷拍及散布等性犯罪事件也讓我很擔心，我該怎麼做才能自然地教導兒子健康的性教育呢？

**A.** 首先，我想先說您是很優秀的母親。要和子女，特別是兒子談論有關性的話題可能很丟臉也很困難，但為了讓兒子成為健康的大人，您已下定決心要和子女討論及教育性議題，真的十分偉大。

跟女兒比起來，兒子的邊緣系統下視丘較寬也較發達。下視丘掌管食欲、排泄、睡眠等人類所感受的欲望，當然，性欲也是在下視丘產生的。兒子下視丘發達，同樣代表他的性欲更強，持續時間也會更久。因此，需要在青少年時期開始教導兒子正確的性觀念。

第一，建議平常就要自然地跟子女討論性議題。如果某天突然說要討論這個話題，雙方都會覺得很不自在，甚至還沒進行就想中斷，所以即便一開始會尷尬，建議可用電視劇中男女相愛的場景或新聞等事件為素材來討論。平常如果都避而不談，兒子反而會覺得性是需要隱藏且隱秘的事並加以隱性化，過度強調這件事完全不能做，反而會讓人更加好奇。

第二，我認為最近青少年對於孩子如何誕生、該如何避孕的資訊依然缺乏，針對真正的愛情、性行為及性需求等進行討論會對兒子更有幫助。與其說性行為是單純要排解性欲的行為，應該告訴兒子這是想和愛人分享的行為，也要告訴他，如果對方不願意，停下來才是尊重及體諒對方的行為。因為男性的下視丘發達，比女性對欲望的感受更強烈，也要提醒兒子可能常會有看不懂對方情緒或需求的狀況發生。

第三，大部分父母都對青少年兒子收看情色影片感到煩惱，情色影片內容多半不切實際且具有誇張、虐待性的內容，容易受此影響而學到錯誤的性知識與認知。太常看這些影片，也會造成記憶力損傷。德國杜伊斯堡－埃森大學（Universität Duisburg-Essen）的研究團隊指出，太常看情色影片的男性，比不常看的男性記憶力低了 13%。馬克斯‧普朗克演化人類學研究所（Max-Planck-Institut für evolutionäre Anthropologie）也主張，越常看情色影片的人，大腦尺寸會縮小，負責做出理性決定與判斷力相關的前額葉皮質也會萎縮。因此，循序漸進提供兒子有關性的相關資訊，會對兒子更有幫助。

**Q.** 我的兒子今年國二，幾個月前開始，孩子穿著破損的校服回家，關在房間裡的時間也變多了。我本來以為應該是青春期才會這樣，但一個月前從同班同學的媽媽那裡聽說，我兒子在學校被欺負了幾個月。我都已經有血液暴衝的感覺了，想到孩子該有多痛苦又不禁覺得心痛。雖然因為學校暴力委員會和學校的處分，看似隔離了加害者和孩子，但我很擔心兒子的心理狀態，他一直說他沒關係，但我該怎麼做呢？

**A.** 受到學校暴力的學生及家人，心情該有多痛苦及折磨，我也不敢隨便斷言。媽媽雖然也會心痛，但受到暴力的兒子肯定更痛苦。再加上韓國不容許男性哭泣或表現出示弱行為，他們肯定也難以跟他人訴苦，從男性大腦的特徵來看，他也可能無法好好表達自己的情緒。

但不是兒子不表達自己的心情，就表示他內心沒有受傷或感到挫折，他只是感受到了負面情緒但沒辦法用語言加以表達而已。相較於女性腦，男性腦中連結左右腦的胼胝體較窄，發育也較慢，所以左右腦的資訊交流不會太活躍。右腦感受情緒時，會在左腦透過語言進行表達，但因為兒子的胼胝體太窄，要展現自己的情緒會需要一點時間。但就如同前面所說，他沒有表達不表示他沒有情緒，反而可能因為無法抒發那些負面情緒而積累在心裡。如果某一天突然爆發，會在情緒面出現更劇烈的反應，或是有較高機率對自己做出攻擊行為。

那要如何安慰兒子受傷的心靈呢？建議媽媽先成為「兒子的情緒翻譯師」，例如，用「兒子啊，你沒跟任何人傾訴，該有多委屈多生氣呢？肯定也很害怕吧？媽媽都懂你的心情，你很痛苦吧？你自己撐過這些痛苦的時間，雖然也很厲害，但我也覺得好心疼」這類的話，為兒子的內心發聲。父母代替兒子表達這些他平時無法傾吐的自身情緒，有助於他找回內心的平靜。此外，兒子也會感受到自己能透過父母獲得幫助，並在這些支持與鼓勵之下，克服自己內心的創傷。

007

# 兒子的大腦，請回答！

## 韓國暢銷十年教養經典之作

作　　者｜郭潤定
譯　　者｜黃千真
封面設計｜謝佳穎
內文排版｜葉若蒂
責任編輯｜黃文慧
特約編輯｜劉佳玲
校　　對｜呂佳真

出　　版｜晴好出版事業有限公司
總 編 輯｜黃文慧
副總編輯｜鍾宜君
編　　輯｜胡雯琳
行銷企畫｜吳孟蓉
地　　址｜104027 台北市中山區中山北路三段 36 巷 10 號 4 樓
網　　址｜https://www.facebook.com/QinghaoBook
電子信箱｜Qinghaobook@gmail.com
電　　話｜02-2516-6892
傳　　真｜02-2516-6891

發　　行｜遠足文化事業股份有限公司（讀書共和國出版集團）
地　　址｜231023 新北市新店區民權路 108-2 號 9 樓
電　　話｜02-2218-1417　傳真｜02-2218-1142
電子信箱｜service@bookrep.com.tw
郵政帳號｜19504465（戶名：遠足文化事業股份有限公司）
客服電話｜0800-221-029　團體訂購｜02-22181717 分機 1124
網　　址｜www.bookrep.com.tw
法律顧問｜華洋法律事務所／蘇文生律師
印　　製｜東豪印刷

初版一刷｜2024 年 3 月
定　　價｜450 元
I S B N｜9786267396452
EISBN (PDF)｜9786267396445
EISBN (EPUB)｜9786267396438

아들의 뇌 (THE BRAIN OF SON) Copyright @ 2021by 곽윤정 (YUN JUNG KWAK, 郭潤定)
All rights reserved.Complex Chinese Copyright© 2024 by GingHao Publishing Co., Ltd.
(Bookrep publishing group) Complex Chinese translation Copyright is arranged with
Forest Books through Eric Yang Agency

國家圖書館出版品預行編目 (CIP) 資料

兒子大腦，請回答！：韓國暢銷十年教養經典之作 / 郭潤定著；黃千真譯 . -- 初版 . -- 臺北市：
晴好出版事業有限公司出版：遠足文化事業股份有限公司發行，2024.03　240 面；17X23 公分
譯自：아들의 뇌 딸로 태어난 엄마들을 위한 아들 사용 설명서
ISBN 978-626-7396-45-2(平裝）
1.CST: 育兒　2.CST: 腦部 3.CST: 兒童發展
428.8　　　　　　　　　　　　　　　　　　　　　113001029